我的第一本养狗书

郭圆 著

天津出版传媒集团

天津科学技术出版社

图书在版编目（CIP）数据

我的第一本养狗书 / 郭圆著 . -- 天津：天津科学
技术出版社， 2025.4. -- ISBN 978-7-5742-2846-7
（2025.8 重印）

Ⅰ . S829.2

中国国家版本馆 CIP 数据核字第 2025G9H794 号

我的第一本养狗书

WO DE DIYIBEN YANGGOU SHU

策划编辑：杨　譞

责任编辑：宋佳霖

责任印制：刘　彤

出　　版：天津出版传媒集团
　　　　　天津科学技术出版社

地　　址：天津市西康路 35 号

邮　　编：300051

电　　话：（022）23332490

网　　址：www.tjkjcbs.com.cn

发　　行：新华书店经销

印　　刷：河北松源印刷有限公司

开本 880×1230　1/32　印张 6　字数 102 000

2025 年 8 月第 1 版第 2 次印刷

定价：48.00 元

前 言

　　不少主人都把狗狗当作孩子养，如果狗狗生病了，不仅狗狗痛苦，主人也很痛苦。尤其是主人没有及时发现狗狗身体的异常，未能及时治疗，可能就会永远地失去爱犬，造成无法弥补的悲剧。

　　其实，很多疾病是可以预防的。比如，保持均衡的膳食、适度的运动、牙齿护理、毛发梳理、挤肛门腺、定期打疫苗驱虫等，都可以帮助狗狗远离疾病，保持健康。

　　狗狗的眼睛、牙齿、口腔、耳朵都是很容易患病的部位。有些狗狗可能天生被倒睫困扰，眼睛刺痛；也有不少狗狗年龄不大，就患上了白内障，视力受损；还有很多狗狗的眼睛被感染，得了可能导致失明的结膜炎。如果狗狗的口腔卫生不到位，蛀牙、牙结石、口腔溃疡等口腔疾病就会反复发作。此外，狗狗耳朵的免疫力也是较弱的，容易受到耳螨、外耳炎的侵扰。

　　如果狗狗的喘气、吞咽突然变得十分艰难，很可能是呼吸系统出了问题。狗狗最容易得的呼吸系统疾病有受季节影响变化较大的鼻炎，病情顽固难治的咽喉炎，令狗狗咳嗽不止的支气管炎，传染性极强的犬流感，等等。

如果狗狗没有食欲、进食困难，甚至会有呕吐、腹泻的症状，那狗狗可能患有消化系统疾病。比如症状复杂的肠胃炎、来势汹汹的胃扭转、腹泻严重的结肠炎。另外，狗狗长时间便秘，多半是因为消化系统有问题。

最让主人头疼的问题，莫过于成因错综复杂的皮肤病了。趾间炎、毛囊炎、湿疹、体癣、脱毛症、蜱虫病……看似狗狗的皮肤、毛发的临床症状相差无几，但病因不同，治疗手段就完全不同。不过，主人也不必焦虑、慌乱，只要了解清楚每种皮肤病的症状与治疗方法，狗狗就能重回毛发漂亮的样子了。

呵护狗狗健康不仅仅需要爱和耐心，更需要掌握科学的医疗知识，为狗狗保驾护航。本书归纳、罗列了狗狗身上常见的疾病，并对这些疾病的病因、临床症状、特性及防治方法一一做了简明直观的解释，以供主人参考。

目录

第一章
预防做得好，狗狗生病少

第二章
狗狗常见病诊治

第三章
最磨人的狗狗皮肤病

第四章
狗狗常见的传染病

第五章
狗狗也会患癌症，早发现早治疗

第六章
狗狗突发意外，100% 有用的急救操作

第一章
预防做得好，狗狗生病少

🐾 定期给狗狗打疫苗

疫苗是预防狗狗患病的一种保障，但关于给狗狗注射疫苗，主人究竟知道多少呢？

为什么要打疫苗

打疫苗能保护狗狗的健康。狗狗断奶后，它的母源抗体就会消失，抵抗力变弱。一旦感染狂犬病毒、犬瘟热病毒、犬细小病毒等，死亡率是很高的，因此需要注射疫苗。

打疫苗能预防人畜共患的传染病，保护主人和他人的安全。常见的人畜共患的传染病，有狂犬病、弓形虫病、钩端螺旋体病、旋毛虫病、癣菌病等。

给狗狗打疫苗，需要满足哪些条件

1. 45 日龄以上。对还在喝母乳、低于 45 日龄的狗狗，不建议注射疫苗。此时的狗狗受到母乳的保护，即使接种疫苗，也会被母乳中和，难以建立免疫系统。

但也不建议太晚打疫苗，狗狗容易因感染疾病而夭折。

2. 没有健康问题。有潜在疾病，或是处于生病期的狗狗，不能接种疫苗。因为此时，狗狗的免疫系统正在高强度工作，注射疫苗后，反而容易刺激潜伏状态的病毒，引发感染。

如果狗狗是从市场上买回来的，建议主人先将其隔离 1 ~ 2 周，确认没有疾病后，再去接种疫苗。

3. 完成驱虫。没有完成驱虫，可能会影响狗狗接种疫苗的效果。肠道寄生虫、体外寄生虫等，都可能诱发应激状态，导致免疫失效。

进行体内外驱虫 1 周后，可接种疫苗。

4. 狗狗精神放松。处于紧张状态的狗狗，肾上腺素分泌较多，会降低免疫力，更容易染病。因此，不建议带回家少于 1 周的狗狗接种疫苗。

另外，接种疫苗前 1 周内，应避免做让狗狗出现应激状况的事情，如更换狗粮、频繁外出、洗澡、受惊吓等。

5. 接种过疫苗。免疫失败的狗狗，或是成功接种过疫苗后临近免疫期的狗狗，完全可以再次接种疫苗。

正确的免疫程序

1. 初次免疫：狗狗在幼龄时期，需要接种 4 针疫苗，包括 3 针预防传染病的疫苗和一针狂犬病疫苗。

出生 42 ~ 45 天，可以接种第一针传染病疫苗。打前 3 针时，每 2 针需要间隔 21 ~ 28 天。狗狗的身体接受抗原物质后，需要经过 2 ~ 3 周的时间，才能产生抗体。但由于第一针产生的抗体数量很少，起不到太大的防疫作用，所以需要注射 3 针。接种完疫苗 2 周后，可用抗体诊断试剂盒来检测免疫效果。如果抗体结果不合格，最好听从医生的建议，补打 1 ~ 2 剂疫苗。3 针传染病疫苗接种成功后，间隔 1 周接种狂犬病疫苗。狂犬病疫苗只需要接种 1 次。

2.加强免疫：包括 1 针传染病疫苗和 1 针狂犬病疫苗，每年各接种 1 次即可。

狗狗打疫苗后的注意事项

1.打完疫苗后的 7 ~ 10 天内，不要给狗狗洗澡，否则容易生病。

2.接种疫苗期间，狗狗不能随意使用药物，如抗生素、驱虫药等。

3.避免更换狗粮、剧烈运动、长途运输等，防止出现应激反应。也不建议带狗狗去户外玩耍，接触其他动物。

🐾 定期给狗狗驱虫

狗狗接触的环境很复杂，难免会感染各种寄生虫。常见的体内寄生虫有蛔虫、钩虫、绦虫、心丝虫、鞭虫、球虫等；常见的体外寄生虫有螨虫、蜱虫、跳蚤等。因此，定期给狗狗驱虫很有必要。

临床症状

1.瘙痒：狗狗经常用爪子挠痒、啃咬，或是在物体上磨蹭身体某个部位。主人可以拨开狗狗的毛发看一看，如果皮肤上有许多小黑粒，可能是感染了跳蚤、虱子等；肛门有乳白色小颗粒，可能是感染了绦虫。

2.饮食正常但消瘦：狗狗体重一直偏轻，即使吃得多，也不会长胖，且没有肠胃问题。这可能是因为狗狗体内的蛔虫抢走了食物的营养，钩虫吸取了血液，使狗狗变得消瘦、贫血。

3.食欲下降，呕吐：狗狗经常咳嗽，运动时容易呼吸急促，但不存在上呼吸道病变。食欲日渐下降，甚至出现呕吐现象。呕吐物中还有虫子，很可能是感染了心丝虫和弓形虫。

4.腹泻有虫体：2～3月龄的狗狗感染体内寄生虫时，多出现腹泻的情况，便便不成形，有时还会呈鲜红色并带有腥臭味，且便便里还带有虫体、白色颗粒等。

成年犬感染的寄生虫一般都是隐性的，即使粪便中没有虫体，也需要定期驱虫。

驱虫方法

给狗狗驱虫，主要分为体内驱虫、体外驱虫和体内外同驱虫。

体内驱虫

1.常见的体内驱虫药物有噻嘧啶、甲苯达唑、氯硝柳胺等。

2.用量：不同的驱虫药，不同体重的狗狗，服用的药量也不同。过量容易损害狗狗的身体，因此需要严格按照医嘱或服药说明，把握好量。例如，服用甲苯达唑的用量为22～25毫克/千克体重，每日1次，连续服用3～5天。

3.喂药时间：狗狗吃完饭后的2～3小时，可减轻狗狗的肠胃负担。

4.方法：打开狗狗的嘴，直接将体内驱虫药喂进喉咙里。再合上狗狗的嘴，等待10秒左右，直到狗狗吞下药片。如果狗狗反复吐出来，主人可以将驱虫药混入狗狗喜欢的食物中。

狗狗可能会感到肠胃不适，比如呕吐、腹泻等。主人可以喂点儿益生菌缓解一下症状。

体外驱虫

1.方法：使用宠物专用的体外驱虫喷剂，在距离毛发10～20厘米处，逆着毛发喷淋，使全身毛发和皮肤湿透。再按摩全身，使驱虫药完全覆盖皮肤及毛发，等待狗毛自然风干。

2.喷完喷雾后的2天内，不要给狗狗洗澡，以免影响药效。

驱虫喷剂不能直接喷在狗狗的面部，可以用喷上驱虫药的软布擦抹面部，尽量避开眼周。

体内外同驱

体内外同驱药物多为滴剂。

1.方法：将狗狗后脖颈上的毛发一线分开，露出皮肤。将滴剂沿线滴完，药剂会慢慢被皮肤吸收，对全身起作用。

2.用量：1支驱虫滴剂只能给1只狗狗用，一次用完整支。

3.注意：建议给狗狗戴上伊丽莎白圈，避免狗狗舔舐。最好在狗狗洗完澡1周后驱虫，且驱虫后5～7天不要洗澡碰水，以免影响效果。

驱虫的频率

1.体内驱虫：狗狗满月时进行第1次驱虫；小于6月龄的狗狗，每月驱虫1次；6月龄以上的狗狗，每3个月驱虫1次。

2.体外驱虫：夏季多为1月1次。冬季可根据外出情况1～3个月驱虫1次，经常外出的狗狗，建议保持1月1次驱虫的频率。

🐾 定期带狗狗做体检

狗狗的耐受力很强，即使存在一些健康问题，它们也不会立刻表现出来。定期体检能尽早发现潜在的疾病，提高治愈率。而且，早发现、早治疗能减轻疾病对狗狗身体造成的伤害。比如，传染病在发现前期、后期的治愈率相差甚远。

另外，狗狗病情恶化之后的治疗费用比较贵。体检无疑是主人规避风险的投资手段之一。

成年狗狗的体检项目

成年狗狗会逐渐暴露出一些内科疾病，如肾脏、膀胱结石、劣质狗粮造成的肝肾损伤等。它们需要检查的项目很多，必做的项目主要包括常规检查、血液检查、X射线检查等。

1.常规检查：通过听诊、触诊、视诊，检查狗狗的心音、关节、口腔、耳朵等部位是否正常。

2.血液检查：可以检测出狗狗体内红细胞、白细胞是否有异常，血液里是否感染了寄生虫，还能检查心脏器官的功能状态。

3.尿液检查：判断狗狗的泌尿系统是否被感染。另外，根据尿液浓度可以检查出狗狗的肾脏功能是否正常。

4.粪便检查：可以检查出狗狗是否感染寄生虫，是否患有消化道菌群失调、消化道紊乱等疾病。

5.X射线检查：通过影像学来检查狗狗内脏和骨骼的情况，如心脏大小、胸腔积液、关节异位等。

6.超声检查：可以查看狗狗内脏是否有形态或功能上的异常，如彩超可以判断血液流向，检查心脏瓣膜有无异常。

7.生殖系统检查：没有做绝育的狗狗，一定要定期检查生殖系统，预防生殖系统疾病。

1岁以下幼犬的体检项目

狗狗出生30天后就可以进行体检，建议每隔半年体检一次，确保狗狗的健康成长。

1.全血细胞计数（CBC）：1岁以内的狗狗，容易出现呼吸道感染、消化道感染、寄生虫感染、免疫缺陷等各种问题。血检可以检查出是否存在以上问题。

2.传染病测试：对免疫力弱的幼犬来说，病毒性传染病杀伤力极强。建议幼犬定期进行传染病的快速测试检查，防止感染犬瘟、细小等传染病。

3.X射线检查：不同品种的幼犬，需要做相应的骨骼检查，以确定是否存在某些特定品种的先天缺陷。比如，吉娃娃膝关节发育不良的概率较大，金毛髋关节发育不良的概率较大。

4.口腔检查：幼犬换牙时喜欢用嘴接触各种东西，建议给狗狗做口腔检查，持续关注狗狗的口腔健康和牙齿发育。

如果幼犬刚买回家2～3个月，疫苗未接种完，也没有任何病症，不需要去宠物医院做全面的身体检查。因为幼犬没有足够的免疫力，频繁接触新的环境容易出现应激反应。

7岁以上老年犬的体检项目

狗狗步入老年后，患病的概率越来越大，牙齿松动老化、糖尿病、心脏病、胰腺炎、高血脂等风险很大，建议每半年做一次体检，体检项目如下。

1.皮肤、耳道、牙齿、眼睛检查。

2.X射线和B超检查：常规的胸腹部、心肺功能、骨骼等检查。

3.血检、尿检、便检。

另外，建议根据老年犬表现出的异常行为，及时做针对性的检查。

🐾 如何帮狗狗洗澡

狗狗的皮肤会分泌油脂，爪子会分泌汗液，玩耍时再沾染上灰尘、污物等，狗狗很容易变得脏兮兮、臭烘烘的。所以，及时给狗狗洗澡，不仅能保持干净可爱，还能预防皮肤病和寄生虫感染。

准备洗澡工具

1.浴盆、浴缸、浴霸、取暖器。冬天给狗狗洗澡尤其需要取暖器或浴霸，可以帮狗狗保暖，也利于毛发上的水蒸发。

2.宠物专用香波、浴液，稀释瓶。

3.大号水杯。可以给狗狗冲洗身上的泡沫。

4.吸水毛巾、浴巾。

5.消毒棉、脱脂棉球。用来擦拭狗狗的耳道，避免进水。

6.吹风机、宠物烘干机。有些狗狗害怕吹风机，主人尽量选择噪声低、档位多的吹风机。

7.软硬适中的针梳、排梳各一把。

8.小电剪、推子。用来处理局部毛发。

9. 防潮地垫。狗狗进浴室前，可以将脚上的浮尘留在外面。出浴室时，可以适当控干脚底的水。

给狗狗洗澡的步骤

虽然带狗狗去宠物店洗澡可以省力，但比较花钱。主人可以试着在家给狗狗洗澡，不但节约花销，还可以增进和狗狗之间的感情。洗澡步骤如下。

步骤一：安抚狗狗，做好准备工作

如果狗狗是第一次洗澡，或是不爱洗澡，主人可以多与它互动、玩耍，帮它放松心情。如果狗狗依旧排斥，主人可以准备一些它爱吃的零食，让狗狗知道洗澡之后有好处。次数多了，狗狗就能接受洗澡了。

在将狗狗带入浴室前，主人需要提前准备好所有洗浴用品。避免中途出来取东西，让狗狗不耐烦，跟着出来。

步骤二：梳理毛发

洗澡前，主人需要将狗狗全身的毛梳顺，将狗狗身上的泥块、口香糖渣、树叶等杂物处理干净。顺便观察一下狗狗的皮肤状态，有没有受伤、皮肤病，确定能否洗澡。

步骤三：给狗狗冲水

主人让狗狗进入蓄有一半温水的浴盆、浴缸里，用温水打湿狗狗的发毛。可以按照从四肢、后背、头部的顺序湿润毛发。洗头时，需要避开狗狗的眼睛，避免眼睛进水。如果是使用莲蓬头，水压不宜太大，也不能直接对着狗狗的头淋。

夏季给狗狗洗澡，水温尽量控制在 36 ~ 37℃，冬季的水温控制在 38 ~ 40℃。水温应略高于狗狗的体温，不能过高、过低。

步骤四：用沐浴露揉洗

根据狗狗皮肤的 pH 值，选择合适的沐浴露。狗狗的皮肤基本是中性的，需要选择温和不刺激的沐浴露。

用浴花打上沐浴露，少量多次，搓出泡沫，然后从背部开始，用指腹轻轻按摩毛发根部的皮肤，直至全身搓出泡沫。一般搓洗 5 ~ 10 分钟，就能充分软化角质层，洗掉污垢。

步骤五：冲洗干净

帮狗狗冲洗全身的泡沫，直到毛发上的沐浴露被冲洗干净。冲洗时，主人要多留意狗狗的腋下部分，以免沐浴露残留。

冲洗的水流不要太猛，要避开狗狗的眼、耳等部位，避免脏水和沐浴液流进眼内、耳内，引起炎症。

步骤六：吹干狗狗的毛发

主人先用一条吸水毛巾，将狗狗身上的水擦干。然后，打开吹风机的热风，与狗狗保持适当距离，彻底烘干狗狗的毛发。此外，主人可以购置宠物烘干机，将狗狗放进去进行杀菌、烘干。

切忌将刚洗完澡的狗狗放在阳光下直晒，因为洗完澡的狗狗，被毛上的油脂大大减少，其御寒能力和抵抗力随之减弱。一热一冷，容易感冒，进而导致肺炎。

待狗狗的毛发都吹干之后，主人需要重新梳顺狗狗的毛发。

给狗狗洗澡的注意事项

1.洗澡不能太频繁。狗狗的皮肤很脆弱，洗澡太频繁容易受到刺激。

通常，狗狗半个月至两个月洗一次澡，都是正常频率。因为每只狗狗的皮肤油性程度、户外活动时间、环境的干净程度各不相同。如果狗狗的皮肤不油腻，毛发不脏，身上没有异味，是不用每周都洗的。

部分短毛品种的狗狗，如果每天擦拭身体，也是可以常年不洗澡的。主人不太了解自家狗狗的皮肤状况时，可以咨询宠物医生。

2. 避开不能给狗狗洗澡的时候。温度适中的中午更适合给狗狗洗澡。但天气不好的时候，不建议给狗狗洗澡，否则狗狗容易着凉、呕吐、拉肚子。

专家建议，半岁以内的幼犬，没有打完疫苗，抵抗力较弱，洗澡容易生病，不宜洗浴。建议给幼犬干洗，主人可以用温水、湿毛巾、宠物专用干洗剂给狗狗擦拭全身。

如何给狗狗洗脚

狗狗的脚部卫生也十分重要，主人要学会清洗，让狗狗的脚保持卫生。

1. 主人从背后抱起狗狗，将它的前爪放入温水盆里，轻轻擦洗它的脚底，将肉垫、趾缝间的明显污物洗掉。

2. 观察狗狗的爪子。脚趾、肉垫、趾间是否有异物扎入，是否有外伤，是否有脱毛、红肿、溃烂等状况。如果有异常，需要及时用药、就医。如果没有，可以继续清洗。

3. 将脚部彻底清洗干净后，再用沐浴液清洗一遍，最后用吹风机吹干狗狗爪子上的毛。

4. 若狗狗的脚毛过长，可以用宠物剃刀修剪脚毛。这能帮助狗狗脚底正常散热，保持干燥，减少细菌滋生。

5. 主人选择一个舒适的姿势，将狗狗抱在怀里，涂抹宠物专用的护爪产品，轻轻按揉，帮助产品更好地被吸收。

🐾 如何帮狗狗刷牙

狗狗的牙齿、牙龈不洁，会产生诸多口腔健康问题，如牙龈炎、蛀牙等。牙齿不好，不仅会让口臭越来越明显，还会影响狗狗的食欲，对健康造成不良影响。狗狗的牙齿护理，应当从坚持刷牙开始。

让狗狗接受刷牙

1.让狗狗适应被摸牙齿。狗狗的嘴部是敏感部位，主人想要安全地给狗狗刷牙，就要先让它习惯被摸嘴。在狗狗玩得开心、放松时，主人可以用手抚摸它的嘴，轻柔地掀起嘴唇，触摸它的牙齿。

如果狗狗甩开头，表示反抗，主人不要勉强，下次重新尝试。在狗狗能接受主人触碰牙齿后，主人要及时夸奖，并给予一定的小奖励，让它明白这个动作不仅没有危险，还有一定的好处。

2.让狗狗适应牙刷、牙膏。习惯被触碰牙齿后，主人还要让狗狗熟悉牙刷、牙膏。主人可以先用消毒纱布给狗狗擦拭牙齿、牙龈。将纱布缠在手指上，将少量的牙膏挤在纱布上，让狗狗闻一闻、舔一舔，再去擦拭它的牙龈。

当狗狗适应一段时间后，尝试使用宠物牙刷。如果狗狗仍对牙刷有抵触和恐惧的反应，就要换回纱布，过段时间再尝试。

当狗狗习惯了牙刷在牙齿上摩擦的感觉后，就可以正式刷牙了。

给狗狗刷牙的步骤

1. 单手托住狗狗的下巴，让它张大嘴巴，必要时可握住它的嘴巴，用牙刷蘸清水刷一遍前排牙齿的内侧、外侧和牙龈。如果狗狗抗拒不张嘴，可以尝试用长柄牙刷，但不能用力往狗狗嘴里塞。

2. 给牙刷挤上牙膏，在牙齿和牙龈之间轻轻转圈刷洗，力度适中。

3. 洗刷藏污纳垢的牙龈线，减少牙菌斑和牙垢。以上下刷洗的方式轻刷牙缝，清理牙缝中的软垢。

4. 如果狗狗不愿意配合长时间刷牙，主人可重点洗刷牙齿外侧，因为狗狗的舌头和唾液有清洁牙齿内侧牙垢的作用。

5. 给狗狗刷牙过程中，主人要多多夸奖，让它放松情绪。刷完牙后，主人可以奖励一些鸡肉干等零食，鼓励狗狗，让它下一次也能欣然接受刷牙。

建议在狗狗玩得精疲力尽之后给它刷牙，这个时候它没有更多的精力反抗。

刷牙的时间和频率

开始刷牙的时间

在狗狗 6 月龄时开始刷牙，是较好的选择。这个年龄段的狗狗正处于换牙期，定期清理牙齿可以减少许多口腔疾病的发生。

一般建议从 1 岁起给狗狗养成刷牙的习惯。换牙后的狗狗容易出现口腔异味和牙菌斑，最好提前做好预防。

刷牙的频率

主人可以每天给狗狗刷牙 1 次。如果做不到，也要保证每周至少刷 3 ~ 5 次。

嘴小的狗狗、小型犬，如斗牛犬、狮子狗，最好每天刷 1 次。因为这些狗狗的牙齿拥挤，更容易滋生细菌，形成牙菌斑和牙垢。

而且，主人每天给狗狗刷牙，狗狗也会渐渐适应这种习惯，让刷牙变得越来越容易。

辅助清洁牙齿的方法

一些狗狗非常抵触刷牙，主人可以选择以下清洁牙齿的方法。

1. 指套：如果狗狗能接受主人用手触摸牙齿，那么主人可以试着戴上专用的清洁指套，用手指直接涂抹牙膏。虽然花费的时间稍长，但尽量要涂抹均匀。虽然清洁效果有限，但是总比不做任何处理有好处。

2. 口腔清洁喷雾：主人可以直接掰开狗狗的嘴巴，或是用食物引诱狗狗张嘴，将清洁喷雾按量喷入口中。这样既能避免狗狗发脾气，还能用最短的时间帮它净化口气，杀灭细菌。

3. 宠物漱口水：漱口水的使用方法更加简单，主人只需按照剂量和稀释比例将其添加到狗狗的饮用水中，让它喝下去就可以了。

漱口水的使用次数，要根据狗狗的饮食来确定。若狗狗平时吃的干粮较多，建议每周使用 1 次；若狗狗平时吃的湿粮较多，建议每周使用两次。具体的使用次数没有限制，如果狗狗的口腔太脏，主人也可以酌情增加漱口水的使用次数。

狗狗不能食用木糖醇，选择宠物漱口水时一定要避开这种成分。

4. 洁齿零食：清口香奶棒、洁齿磨牙棒、除臭饼干等清洁零食，可以帮助狗狗保持口腔卫生，同时满足狗狗的洁齿需求和零食需求。但不建议经常喂食，可用作奖励零食。

3. 定期洗牙：主人不确定狗狗的口腔卫生状况时，需要定期带它去宠物医院检查，必要时为狗狗洗牙。

🐾 如何帮狗狗清洗耳朵

狗狗的耳朵是它们身上最可爱的部位之一，但因为褶皱比较多，所以是疾病易发部位。如果长期不清洁狗狗的耳朵，就容易引起耳炎等耳部疾病。尤其是对垂耳犬来说，更容易染病。因此，定期给狗狗清洗耳朵，才能保护它的身体健康。

准备清洁工具

建议使用狗狗专用的耳朵清洗工具，避免误伤和交叉感染，保护狗狗可爱的耳朵。

1. 宠物专用洗耳液。狗狗的耳周不仅有灰尘，还可能有细菌和寄生虫，因此主人要选择有清洁、杀菌功能的宠物专用洗耳液，以便安全、彻底地清除耳垢。

2. 消毒棉、止血钳、湿巾。

3. 干毛巾、止血粉。

狗狗的耳毛是剪短还是拔掉

狗狗的耳道呈"L"形，容易积累灰尘、污垢。耳周的毛发浓密，会滋生细菌，生成耳螨。

虽然剪毛、拔毛都可以，但拔毛的效果更好一些。一是可以减少狗狗的抵触情绪，二是拔掉耳毛后，耳毛的生长速度和浓密度都会有所降低，便于主人处理耳毛、清洗耳朵。

正确拔耳毛的步骤如下。

步骤一：用小电剪、剃刀等方式剪短狗狗耳朵外侧的毛发。

步骤二：将狗狗的耳朵完全外翻，将耳内的毛发全部露出来。接着，在耳毛上面均匀地涂抹上"拔耳毛粉"。不要涂得太多，否则不好清理干净。

步骤三：合上狗狗的耳朵，在耳朵根部轻轻地揉搓，使耳粉均匀地附着在耳毛处的皮肤上。

步骤四：待耳粉晕开，发挥作用后（5分钟左右），主人用止血钳夹住一小撮耳毛，快速拔出。一次不能夹太多，否则狗狗会因疼痛而反抗。

给狗狗洗耳朵的步骤

1. 观察耳朵的状态。给狗狗清洗耳朵前，主人要确定它的耳朵没有伤口、流脓、流血、红肿等问题，才能进行清洗。如果狗狗的耳朵有异味，还频繁地甩头，不让人触摸，这可能是狗狗耳道感染的反应。

以上情况，建议主人先带狗狗去宠物医院做检查和治疗。等狗狗康复了，再帮它清洗耳朵。

2. 先将耳朵里残余的拔耳毛粉、污垢彻底清理干净。

3. 主人需要用一只手环抱住狗狗的头并掀开它的耳朵，另一只手将洗耳液滴入耳朵，2～5滴即可。如果狗狗耳朵太脏，可适量增加用量。但不能滴太多，防止狗狗因为不适应而疯狂甩头。

滴好洗耳液后，主人将狗狗的耳郭向下拉，揉搓、按摩耳朵根部1分钟左右，松开手，狗狗会自己甩头，将多余的洗耳液和深处的耳垢甩出来。如果狗狗耳朵里还有污物残留，可以用滴有洗耳液的消毒棉再次擦拭，直到彻底干净，但不能插入耳朵深处擦拭。

4. 待狗狗甩完头后，主人用湿纸巾擦一擦它的外耳，将耳壁上的黏性分泌物清理干净。

5. 给予零食奖励或玩耍奖励，以便下次狗狗更配合洗耳朵。

清洗耳朵的频率

狗狗的耳朵变脏的速度，与毛发长度、活动量、油脂分泌量、空气湿度等都有关系。主人应根据狗狗耳朵的脏污程度，合理调整清洁频率。

狗狗的耳朵里有一种天然油脂，可以润滑耳道，保护耳朵。不能过度清洁，否则会破坏油脂层，容易使耳朵感染。一般建议每周清洗1～2次，如果狗狗的耳朵较小、比较干净，可以每2周清洗1次。但如果狗狗经常出门，就要视情况来决定是否增加清洗次数。

🐾 如何帮狗狗剪趾甲

虽然生活在野外的狗狗可以自己磨平趾甲，一般不需要特意修剪。但养在室内的狗狗很难自己磨平趾甲，所以需要主人定期给它剪趾甲。

狗狗趾甲过长的危害

1. 趾甲过长，狗狗走路会打滑、摔倒。发育期的狗狗，容易形成外八字。

2. 狗狗走路时，长趾甲受到压力，可能会扎进肉垫。为了减少痛感，狗狗会调整走路姿势。长期下来，背部、关节容易产生各种问题。对爱出门玩的狗狗来说，患病风险更大。

3. 狗狗趾甲长得太长，会形成一个弯钩。这个弯钩卡在某处，严重时会造成趾甲断裂。

4. 防止狗狗激动时扑向人而造成误伤。

让狗狗接受剪趾甲

狗狗抗拒剪趾甲时，主人还要继续，可能会使狗狗收紧脚趾，又蹬又踹进行反抗。被逼急了，狗狗甚至会攻击主人。所以，让狗狗习惯趾甲剪、剪趾甲，需要一个过程。

首先，主人时不时地把趾甲剪拿出来玩，让狗狗多接触，习惯趾甲剪的声音。

当狗狗适应趾甲剪后，主人可以将趾甲剪有意无意地靠近狗狗。只要狗狗不躲避，就立即给出口头表扬和食物奖励。持续一段时间后，狗狗看到趾甲剪就会兴奋起来，因为在它的大脑中，已经建立了"趾甲剪＝好吃的"这一联想链条，这时主人就可以开始下一步了。

其次，主人拿着趾甲剪，用手抚摸狗狗的爪子，喂一个零食，分散它的注意力，同时趁机剪掉一个长趾甲。等狗狗反应过来，主人再奖励一个小零食。

一天的脱敏训练就可以结束了。依照此法，第二天再剪一个趾甲。若狗狗不再抗拒，可逐渐增加到一次剪完整只脚。

注意，剪趾甲时，要少剪一点儿，千万不要剪到血线。狗狗的血线，藏在趾甲内部。这是一个聚集了血管和神经末梢的部位，是呈粉色或红色的血管。如果不慎剪到了这个敏感部位，狗狗会十分痛苦，从而重新建立防御机制，抗拒剪趾甲。

对剪趾甲的接受过程因狗而异，有的一两周就能接受，有的可能需要1个月，甚至更久。主人不要着急，多多鼓励，让狗狗感受到爱与关心，它们才会无条件地信任我们。

准备剪趾甲的工具

1. 宠物专用的趾甲剪、磨甲器。狗狗的趾甲和人的趾甲硬度、大小不同，一定要选择犬用的趾甲剪。最常用的都是断头台型，大型犬可以选用弯刀型。

2. 亮光源。较亮的光源照射在狗狗的趾甲上，能帮主人清晰地看清血线的位置。

3. 止血粉、消毒棉球。如果主人不慎剪得太多，让狗狗流血，可以用止血粉和消毒棉球止血。

帮狗狗剪趾甲的步骤

1. 让狗狗放松心情。剪趾甲前，主人要尽量让狗狗处于放松状态。如果狗狗感到害怕，主人可以温柔地抚摸它，轻轻按摩头部，分散它的注意力。无论剪趾甲是否成功，主人也要保持平和的态度，不要给狗狗留下阴影。

2. 帮狗狗擦干净脚，主人用手臂环住狗狗的脑袋，避免它挣扎逃跑。

3. 等狗狗安静下来，主人用手掌从它的脚踝处，稳稳地托住脚，捏住爪子。

4. 观察狗狗的趾甲，主人可以发现，趾甲根部是比较直的，趾甲尖端向下弯曲。主人要看好血线的位置，用趾甲剪剪掉趾甲尖即可。

5. 给狗狗剪完趾甲后，还要用磨甲器将锋利的趾甲锉平，以免划伤人和物品。

主人需要每隔 2 ~ 3 周给狗狗修剪 1 次趾甲。如果狗狗趾甲的生长速度较快，可以增加修剪次数。如果狗狗喜欢出去玩，趾甲磨损得多，可以减少修剪次数，但也至少 1 个月 1 次。

剪到血线怎么处理

主人不慎剪到狗狗的血线，可以按照以下步骤处理。

1. 抱住狗狗，进行抚摸、安慰，不要让它乱跑。

2. 将止血粉涂在趾甲的末端，用消毒棉球按压 2 ~ 3 分钟，直到不再流血。

3. 给狗狗戴上伊丽莎白圈，防止它舔舐伤口，最少 15 分钟后再摘下。

一般来说，狗狗的趾甲是白色的，能很明显地看到血线。如果狗狗的趾甲是黑色的，主人可以少剪一点儿，剪得频繁一些，实在没有把握，可以送到专业的美容店进行修剪。

🐾 如何帮狗狗梳毛

给狗狗梳毛，不但能增进与它的感情，最重要的是还能维持狗狗的健康。

定期给狗狗梳理脱掉的被毛、脏污及灰尘，使体表的油脂分布均匀，可以避免毛发缠结，保持干净、美观。同时能防止房间到处都是狗毛，狗狗误食，影响肠胃。

另外，梳齿会刺激狗狗的皮肤，促进血液循环，加快新陈代谢，增强皮肤抵抗力，减少体外寄生虫引发的瘙痒、不适和皮肤病。

准备梳毛工具

不同的犬种有专用的梳毛器。

1. 针梳：适用于贵宾、比熊等毛发长、蓬松、卷毛的狗狗。逆着毛发梳，可以使毛发蓬松。主人购买时，最好选择齿端为圆形的针梳，避免刮伤狗狗的皮肤。

2. 排梳：适用于大部分狗狗，主人可以根据狗狗毛发的长度、厚薄选择不同密度的排梳。梳子上的金属片可以切断打结的毛发，还能刮掉浮毛。

3. 钉耙梳：适用于中、大型犬，对毛发损伤小，梳毛阻力小。这种梳子能满足萨摩耶、拉布拉多等长毛狗狗的梳毛需求。

根据狗狗的毛发特征选择梳子

不同品种的狗狗，毛发特征不同，梳毛的方式也有所不同，主要有以下五类。

1. 光滑的短毛犬：八哥、吉娃娃、杜宾、腊肠等，都属于这一类。它们的毛发紧贴皮肤，平时不需要过多的护理，只需定期梳毛、洗澡即可。这类狗狗的毛发上有各种杂物、碎屑、浮毛，可以使用针梳清理。

2. 长毛犬：阿富汗猎犬、马尔济斯犬、德牧等都属于长毛犬，几乎每天都需要主人帮忙梳毛。尤其是在掉毛的季节，需要用针梳与硬毛梳梳理毛发。

3. 双层毛发犬：金毛、博美、萨摩耶、哈士奇、阿拉斯加、松狮、西施犬等，都是典型的双层毛发犬。双层毛发可以隔热保暖，其中较为坚硬的那层毛发有防水防污的作用。

给双层毛发的狗狗梳毛时，需要用针梳和钉耙梳逆向梳理。

4. 卷毛犬：贵宾犬、雪纳瑞、比熊犬等都是典型的卷毛犬，它们的毛发厚实、松软，需要经常梳理、修剪，否则很快就会打结，需要用针梳、排梳梳理。

5. 刚毛犬：刚毛猎狐梗等许多梗犬，毛发硬实，需要用针梳与刷子帮它们梳毛，至少每周 2 次。

给狗狗梳毛的步骤

一般来说，给狗狗梳毛的顺序是从头部开始，由前往后，自上而下。

1. 先从头顶开始：狗狗习惯被摸头、摸脸，主人可以先从头顶开始，用梳子温柔地往后、往下梳。

2. 从脖子到尾巴：主人可以从狗狗的脖子开始，直接梳到尾巴根部。开始梳毛时，狗狗可能会抖动身体和尾巴，需要主人慢慢地多梳几次，伴以按摩的手法，狗狗就会放松下来。

3. 左右分开梳：以狗狗的后背为轴线，将毛发向左右两边分开，单边向下或向后梳理。

4. 自胸部到后躯：长毛犬需要主人用梳子自前胸梳到腰腹、后躯，分块梳理。

主人让狗狗站好不动，用一只手搂住它的脖子，另一只手拿着梳子，先将前胸梳理好，再依次梳理腰腹和后躯，最后轻微梳一下狗狗的四肢与尾巴即可，腿部的毛发要向下梳。

梳毛时的注意事项

1. 主人给狗狗梳毛时，要控制好力道，不能贴着表皮用力梳，否则容易伤到狗狗。也不能频繁地逆向梳理，这会让狗狗感到不适。狗狗的毛发打结后，遇水会缠绕得更紧，不易解开，主人可以用开结梳慢慢梳开。

2. 如果狗狗特别抗拒主人触碰某个部位、某种梳子，主人就要放弃，用剃毛、修剪、换梳子来代替。

3. 梳毛过程中，主人要多多安抚，可用好吃的宠物零食转移狗狗的注意力，缓解它的紧张、恐惧情绪。

4. 干燥的季节给狗狗梳毛时，主人可以准备一条稍微湿润的毛巾，擦一擦梳子和毛发，防止产生静电，让狗狗难受。也可以购买宠物用的防静电喷剂。

5. 在换毛季时，可以每天梳毛 1 次。其他时间主人可以每隔 2 ~ 3 天梳毛 1 次。具体梳毛次数，也要看狗狗毛发的干净程度。

🐾 记住对狗狗有杀伤力的食物

主人在吃东西时，总想着将好吃的食物喂给狗狗尝一尝。但有些食物对狗狗来说是致命的，主人千万不能喂食！

狗狗不能吃的水果

1. 葡萄及其制品：葡萄、黑加仑和葡萄干等，都不能喂给狗狗吃。大量数据显示，一些狗狗在吃了葡萄以后，有腹泻、流口水、发抖等食物中毒的症状，严重时会造成肾衰竭，直至死亡。尤其是小型犬，中毒的风险更大。

2. 樱桃：樱桃含有 12 种水溶性樱桃酸，这些物质会加重狗狗肠道和肾脏的负担，容易导致狗狗出现呕吐和腹泻症状，还会导致心跳急促，甚至休克猝死。

3. 杏：杏肉可能会导致狗狗腹泻，这是因为杏子的磷成分含量过高，狗狗的身体难以将其完全代谢，严重时还会引发肾结石、肾衰竭。狗狗吞食杏核可能出现呛咳、中毒等情况。

4. 牛油果：牛油果中含有一种油溶性化合物。对狗狗来说，食用一点儿就会导致它们呕吐、腹泻，存在极大的中毒风险。

5. 释迦果：释迦果的营养成分很高，但其果皮、果实都含有甘油酸，对狗狗来说它是难以代谢掉的一种有害成分。狗狗食用过多，不仅消化系统会出问题，还可能造成心脏积液等问题。

狗狗不能吃的蔬菜

1. 姜、蒜等刺激性强的食物：姜、蒜、辣椒等配料中含有硫化合物，会损害狗狗体内的红细胞，引发炎症。红细胞破裂后，狗狗会贫血、尿血。严重时，嗅觉会受到影响，肾脏也会受到不同程度的损伤，可能会引发衰竭而导致死亡。

2. 洋葱：洋葱被列为导致宠物死亡的食物之一。其含有一种叫作正丙基二硫化物的有毒成分。狗狗食用过多，会引起急性中毒，在 1 ～ 2 天内就会发病，尿液异常。吃韭菜也有这种危害。其实，这些食物并不是完全不能给狗狗吃，但要少量喂食。

3. 生土豆：狗狗不能吃生土豆和发芽的土豆。这两种土豆中龙葵素含量高，狗狗如果吃得太多，可能会中毒而亡。但煮熟的土豆可以给狗狗吃。

4. 芥末：芥末具有轻微毒性，一般被兽医用来诱导催吐。狗狗误食过量的芥末会有生命危险。

5. 含有生物碱的豆类：豌豆、大豆、豆芽等含有生物碱，狗狗吃了不易消化，易引发肠胃胀气、腹泻等肠胃问题，不吃、少吃为宜。

狗狗不能吃的零食

1. 巧克力：巧克力中含有的可可碱，会减少狗狗脑部的血流量，导致心律失常和中枢神经系统功能障碍。纯度越高的巧克力，对狗狗的危害越大，甚至有致命的风险。

2. 木糖醇：木糖醇是从植物中提取出来的一种天然甜味剂，常见于糖果、口香糖和许多烘焙甜品中。木糖醇对狗狗来说是一种剧毒，能使狗狗在 15 ～ 20 分钟内陷入昏迷，严重时会导致死亡。

狗狗木糖醇中毒的早期表现为呕吐、嗜睡、动作不协调，可能伴有癫痫。几天后，狗狗的肝功能开始衰竭。

3. 坚果类：坚果中含有大量的蛋白质和油脂，会使狗狗发胖，增加患胰腺炎的风险，部分坚果中的磷含量过高，可能会形成肾结石。比如花生食用过量，会引发腹泻；夏威夷果食用过量，会导致虚脱、肌肉痉挛，甚至瘫痪。

对幼犬来说，坚果太硬，不易消化，容易阻塞食道，甚至划伤肠胃。而且，一些狗狗可能会对坚果过敏。

4. 酒精：少量的酒精不会致死，但存在让狗狗严重中毒和产生其他健康问题的隐患。摄入过多酒精后，狗狗的血压、体温和血糖会明显下降，诱发癫痫和呼吸衰竭。

5. 酵母：发酵酵母对狗狗来说十分危险。它会被血液快速溶解、吸收，产生乙醇，造成酒精中毒。此外，酵母面团在通过消化系统时，可能会造成胃扭曲，导致死亡。

6. 牛奶：牛奶对狗狗没有毒性，少量的牛奶还可以给狗狗补充蛋白质。但很多狗狗乳糖不耐受，无法消化牛奶中的乳糖，从而引起呕吐、腹痛、胀气、大便稀等症状。而且，牛奶中含有大量的脂肪和糖，会导致狗狗肥胖。

7. 野生植物：遛狗时，狗狗总会到处嗅嗅、舔舔，许多野生的蘑菇、野菜都是有毒的。主人一定要及时阻止狗狗乱吃。

狗狗不能吃高盐食物和海鲜

1. 高盐食物：狗狗食用咸鱼、腌肉、炸鸡、烧烤等高盐食物后，会出现泪痕、脱毛的情况，还会加重肠胃、肾脏的负担。

2. 海鲜：许多狗狗对海鲜过敏，食用后容易有猝死的风险。对海鲜不过敏的狗狗也不建议经常吃，毕竟盐分含量较高。

🐾 狗狗的餐具需要清洗吗

狗狗吃完饭，都会将饭碗舔得干干净净，那么食盆是不是就没什么清洗的必要了？答案是否定的。

为什么要清洗餐具

狗狗所吃的狗粮和零食，大部分都是含油的。即使狗狗舔得很干净，还是会有食物残渣。如果不清洗食盆，就会滋生各种细菌，对狗狗和主人的健康都有害。

美国国家科学基金会的一项调查显示，宠物食盆的细菌量在家中排名第四，位列厨房抹布、水槽和牙刷架之后。狗狗食盆里的细菌有哪些，主要取决于狗粮的种类，以及狗狗的口腔卫生状况。

如果主人给狗狗投喂的是自制狗粮，会有常见的大肠杆菌、沙门氏菌、链球菌、莫拉氏菌和芽孢杆菌等，也有少见的多杀性巴氏杆菌、金黄色葡萄球菌等。这些细菌在狗狗的食盆里不断繁殖，甚至招来苍蝇、蟑螂等害虫，产生新的细菌。

经常外出的狗狗，口腔中往往携带有外界的病菌和寄生虫卵。如果主人没有清洗食盆，那么食盆中的细菌就会与狗狗口腔中的细菌进行交换，产生新一轮的繁殖。最终，狗狗舔舐主人，将细菌传播到主人身上，会增加主人与狗狗染上疾病的风险。

除了食盆，狗狗的水碗上常会有一层滑溜溜的透明膜，这层膜被称为"生物膜"，包含许多杂质、细菌。生物膜一般在水环境中形成，如水槽、鱼缸、马桶等久不清洗就会形成。同理，狗狗的水碗，如果不定期清洗，就会形成这样的细菌聚落，滋生出绿脓杆菌、金黄色葡萄球菌、霍乱弧菌等。

主人清洗狗狗的餐具时，最好戴上橡胶手套，用宠物专用的一次性清洁湿巾或洗碗海绵，先擦拭内壁和盆底，再擦拭外壁。如果有时间和条件，将餐具用开水煮一煮，或是放入专用的消毒柜进行杀菌消毒，清洁效果会更好。

清洗餐具的频次

一般来说，清洗的频率主要是由喂养的食物类型决定的。如果狗狗吃的是干狗粮，那么每天至少清洗一次食盆。如果狗狗吃的是湿粮、熟食，那么每餐后都需要清洗食盆。

至于狗狗的水碗，也是需要每天清洗的。如果清洗不掉水垢等，就需要定期更换水碗，保证狗狗能喝到干净的饮用水。

温暖潮湿是细菌繁殖的有利条件，建议主人在夏天增加清洗餐具的频率，减少细菌滋生。

餐具最好选择不锈钢盆

狗狗在吃饭时，很容易打翻食盆，因此，不建议选择易碎的陶瓷材质食盆，这样容易划伤狗狗。

塑料材质的食盆，沾油后不易清洗干净，会成为细菌的聚集地，造成狗狗肠胃感染，不适合长期使用。

而不锈钢食盆兼具耐摔、易清洁的特点。细菌既不易附着滋生，也不会使危险的化学物质渗入食物中。建议主人一次性多备几个，可轮换使用，保证为狗狗提供干净卫生的饮食环境。

如果主人同时养了多只狗狗，食盆一定要区分开，为每只爱宠准备一个专用的食盆，避免餐具交叉使用引发的感染问题。

另外，建议主人为狗狗准备一块喂食垫，将饭盆、水碗都放在上面，避免狗狗因舔食掉落到地板上的食物而吃进细菌和有害物质。这样狗狗的用餐会更加卫生，饭盆周围的环境也更加洁净，方便清理。

狗粮和生骨肉，给狗狗喂哪个好

狗狗的主粮到底吃什么好呢？是狗粮营养更丰富，还是生骨肉更有营养呢？

狗粮

狗粮主要包含蛋白质、碳水化合物、脂肪、水分等，是狗狗身体所需热量的主要来源。

一般来说，健康的成年狗狗每餐的营养摄入比例为20% ～ 45%的蛋白质，5% ～ 10%的脂肪，20% ～ 35%的碳水化合物，以及其他矿物质和维生素。

市售的全龄犬狗粮，基本能满足大部分健康狗狗的营养需求。至于狗粮的品质好坏，可以根据原料表上的肉质来源、添加物，以及品牌信誉等信息来判断。

喂食狗粮的好处

狗粮主要分为幼犬粮、成犬粮、老年犬粮，对不同年龄段的狗狗来说，都很容易吸收。主人只需按照狗狗的体重，给予相应的克数即可，非常方便。

相比于生食、湿粮，狗粮的水分含量低，不易变质，储存时间长，安全性更高。且狗狗吃狗粮，牙齿间残留的食物残渣最少，更利于口腔卫生。

喂食狗粮的注意事项

1. 根据狗狗的年龄阶段，选择合适的狗粮。例如，幼犬可以吃容易消化、吸收的奶糕，怀孕的狗狗可以吃妊娠期专用的狗粮。

2. 喂食频率。一般来说，幼犬需要每天喂食 2 ~ 4 次，成年狗狗每天需要喂食 1 ~ 2 次。

3. 控制食量。由于狗狗的消化系统比较特殊，进食 7 ~ 12 小时后，胃中的食物才会全部排出体外。给狗狗喂太多狗粮，容易引发胃扩张，导致腹泻、呕吐。所以每次不要喂太多，给足狗狗食量的七八分即可。

生骨肉

虽然狗狗吃生骨肉容易生寄生虫，但确保肉品来源和新鲜是没有太大影响的。

相比狗粮，生骨肉没有防腐剂，可以提亮狗狗的毛色。虽然生骨肉营养成分相对单一，但保留了大量的矿物质、维生素和氨基酸，能使狗狗更好地获取营养，增强体质。

但不能给狗狗喂食太多，因为生骨肉的蛋白质含量很高，喂食过量会增加狗狗肾脏的负担，可能导致肾功能衰竭。尤其是没有打过疫苗、做过驱虫的幼犬，就更不能喂食太多。

喂食生骨肉的好处

1. 狗狗吃生骨肉，能锻炼咬合力和颈部、胸部的肌肉，还能磨牙洁齿，祛除口臭、体臭，减少口腔疾病的发生。

2.促进肠胃更健康。吃生骨肉和蔬菜的狗狗，粪便中的微生物群更丰富，有益菌菌落生长更均衡。也就是说，生骨肉对狗狗的肠道健康更有利。这就是为什么宠物医生会推荐肠胃不好的狗狗适当地吃一些生肉、冻干的原因。

喂食生骨肉的注意事项

1.肉类的选择：狗狗喜欢吃的生骨肉多为鸡肉、羊肉、兔肉、牛肉、鱼肉，其中肌肉应占到60%～80%，骨骼应占到6%～15%，内脏应占5%～10%。建议主人选择正规商超在售的肉类，并尽量做到食材多样，充分保障狗狗的营养需求。

2.喂食量：幼犬的喂食量不得超过体重的10%，成年犬的喂食量应保持在体重的3%～5%。另外，小型犬更适合吃鸡翅、鸡爪等小块肉类，大型犬可以吃牛、羊胸骨、尾骨等大块骨肉。

3.开始喂生骨肉时，可以先给一小份尝尝鲜，再慢慢加量。

狗粮和生骨肉，到底怎么选

建议以狗粮为主食，偶尔搭配生骨肉。狗狗可以吃生骨肉，但喂食频率不能太高，更不适合做主食。主人可以将生骨肉、蔬菜拌在狗粮里，搭配喂养。

其实，无论哪种食物，摄入过多、过少都不是正确的喂养方式。主人应当丰富狗狗的饮食结构，只要能保证食物足够卫生，狗狗就能吃得健康。

🐾 给狗狗做绝育

宠物狗做绝育，一般是通过手术摘除公狗的两侧睾丸，摘除母狗的卵巢或一并摘除卵巢和子宫。

要不要给狗狗做绝育，是许多宠物主人的一个困扰。因为绝育违背了自然生长规律，剥夺了狗狗的生育能力，而且手术需要全麻，存在应激反应和术后感染的风险。

但权衡利弊后，更推荐主人给狗狗做绝育。

给狗狗做绝育的好处

1. 绝育后，狗狗就没有发情期的困扰。公狗在发情期乱拉乱尿、打架走丢的行为，会有所改善；母狗半夜嚎叫、躁动不安、外阴红肿的现象能有所缓解。同时，狂躁情绪和攻击性也会减弱，性格变得温顺，更适合家养。

2. 狗狗生殖疾病的患病率会大大降低，会更健康长寿。

3. 预防狗狗无节制地繁衍后代，间接地减轻主人的经济负担。避免弃养，也能减少流浪狗的数量。

哪些狗狗需要绝育

1. 有隐睾的狗狗。隐睾是公狗的一种常见先天性生殖发育缺陷，表现为狗狗长到6月龄时，还缺少一个或两个睾丸。隐睾容易癌变，因此需要做绝育手术。

2. 有生殖健康隐患的母狗，经常发情、假孕的母狗，以及阴部常有异常分泌物的母狗，需要进行绝育。而且，母狗的乳腺癌、子宫积脓的发病率较高，绝育能降低此类疾病的发病率。

3. 携带遗传性致病基因的狗狗。如果狗狗携带遗传性致病基因，建议做绝育手术，以免致病基因遗传给下一代。

4.缺少陪伴的狗狗。如果主人的工作比较忙碌，没有充足的时间陪狗狗，也没有让狗狗繁殖的计划，建议做好绝育。

绝育的最佳时间

1.小型犬：最佳绝育时间在 6 ~ 9 月龄。母狗的绝育时间为 7 ~ 8 月龄，即第一次发情期将要到来之前。公狗的绝育时间为 7 月龄以后，生殖器和尿道发育完全成熟时。

2.大型犬：大型犬的生长速度相对缓慢，建议在 1 岁左右进行绝育手术。

3.7 岁以上的狗狗要绝育的话，必须听从宠物医生的建议。

狗狗绝育的具体时间，还要看它的健康状况，可以先去宠物医院接受一次全面的身体检查，但发情期是绝对不能绝育的。

绝育后的护理事项

1.术前：提前 1 ~ 2 天洗澡，修剪毛发。术前 12 小时给狗狗断食、断水。准备好伊丽莎白圈，防止狗狗舔舐伤口。

2.术后：狗狗不能补充大量的水分，可以准备 2 支营养膏补充体力。禁止狗狗剧烈运动，每天用碘伏擦拭伤口进行消毒，连续注射几天消炎针。

恢复期间，最好选择高蛋白、低脂肪的狗粮，还需补充蔬菜、水果，保证营养全面。恢复好以后，主人要多带狗狗出门玩耍，加大运动量，提高它的免疫力。

🐾 给生活环境消毒

要想让狗狗健康成长，在关注它的身体健康和饮食卫生的同时，还需要做好生活环境的消毒工作。

为什么要进行环境消毒

首先，进行环境消毒，能切断病菌的传染途径，保护狗狗的健康。狗狗居住的环境存在着大量细菌，需要用物理、化学或生物的方法清除、灭杀致病性微生物，防止病菌感染。

其次，经常给环境消毒，可以避免多次感染。当狗狗因环境中致病菌或寄生虫而患病时，除了对狗狗进行治疗，还需要对它的生活环境、物品进行消毒，这样才能尽快遏制病菌的传播，还能预防再次感染。

正确的化学消毒方法

1. 选择对狗狗无害的消毒液。没有经验的主人，可能会直接使用滴露、威露士等耳熟能详的家用消毒产品。但这种酚类产品不能用来给狗狗消毒。

建议选择宠物专用的消毒液，或是将消毒液稀释到安全浓度后再使用。如高锰酸钾、漂白粉、聚维酮碘等多种消毒液。

外用酒精可能会让狗狗异丙醇、乙醇中毒。一般情况下，4 ~ 8毫升酒精就会让狗狗中毒，而且酒精可以通过皮肤吸收。因此，在使用、存放时一定要谨慎，尽量不要让狗狗接触到。

2. 按照正确的比例稀释消毒液。同一种消毒剂，浓度不同时，消毒的效果不同。例如，浓度为75%的酒精有杀菌的作用，而浓度为90%以上的酒精反而会保护细菌。

主人应按照瓶身说明，合理调配浓度，现配现用。如84消毒液可以按照 1:9 的比例稀释，使用后要用清水多次擦洗，以减少残留。

3. 多种消毒液交替使用。细菌和病毒的适应能力很强，长期使用同一种消毒剂，消毒效果会越来越差。建议选择多种消毒剂，交替使用。

正确的物理消毒方法

1. 开窗通风。加快室内空气流通，可以减少室内的病原体。

2. 紫外线消毒。紫外线有杀菌的作用，经常给狗狗的物品晒太阳也有杀菌作用。主人也可以买一台紫外线杀菌灯，定期照射狗狗的活动区域。

给地板、桌面消毒

1. 先将地板、桌面的灰尘擦拭干净。

2. 将消毒剂喷洒在地板、桌子的表面，静置 10 ~ 15 分钟。

3. 用清水擦洗几遍地板、桌面，避免狗狗舔食中毒。

4. 消毒完成后，开窗通风 30 分钟，再让狗狗进入这片区域。

给狗狗的用具消毒

定期对狗窝和经常使用的物品消毒，如垫子、毛巾、玩具等，可以使狗狗的生活环境保持干净。

1. 用粘毛器或吸尘器，将狗窝等地方的毛发清扫干净。

2. 用洗涤剂清洗一遍，可以加入狗狗专用的沐浴露和消毒液，去除灰尘和油脂。

3. 清洗干净后，将狗窝和各类用品放在阳光下暴晒，干透后再给狗狗使用。

4.建议春、夏季节每周消毒 2 次，秋、冬季节每周消毒 1 次。

狗狗外出回来后需要消毒

狗狗外出回来时，脚上的细菌、病毒较多，不仅容易污染居住环境，还可能通过舔舐而感染疾病。因此，主人带狗狗回家后要做好消毒工作。

1.给狗狗消毒：用宠物湿纸巾给狗狗擦脚，或用宠物专用沐浴露清洗脚部。需要注意的是，擦完或洗完后，一定要吹干脚部，防止细菌滋生。

定期给狗狗修剪脚毛，可有效抑制细菌滋生。

2.给人消毒：外出回来的主人也要消毒，首先将口罩扔进垃圾桶中，其次用消毒剂喷洒全身，对双手、袖口、脚踝、脚底进行重点消毒。牵引绳和带出去的玩具，也需要消毒。

第二章
狗狗常见病诊治

🐾 倒睫

有些品种的狗狗有睫毛倒着长的问题，睫毛异常生长，肯定会影响狗狗的眼部健康，主人千万不能忽略这个问题。

临床症状

睫毛的正常生长方向应该是自内向外，起到保护眼球的作用。而倒睫则是睫毛反向生长，狗狗会流泪不止，不敢睁眼，眼屎较多，还会畏光。由于倒睫会干扰眼睛、视线，狗狗就会用前爪抓挠眼睛，严重时还会造成眼结膜充血、溃烂。

病因

1. 特定品种携带倒睫基因。如比熊、吉娃娃、松狮、金毛、西施犬、沙皮犬等。

2. 狗狗眼睑内翻所致。这种眼部的慢性炎症，会引起毛囊部瘢痕收缩，使睫毛向眼球方向生长。

治疗方法

倒睫本身不是特别严重的疾病，但如果长期得不到治疗，就会形成眼部炎症，甚至导致失明。因此，主人要尽早带狗狗去医院治疗。

1. **手术治疗**：如果狗狗的倒睫数量多，且是由眼睑内翻引起的，就需要进行眼睑内翻矫正手术。这种手术能切除多余的眼皮，纠正内翻的眼睑。

此外，还可以使用专业的眼科低电流毛囊电灼针，破坏毛囊，让倒睫无法再生。这种手术见效快，恢复速度也快，而且破坏性小，复发的概率小。建议去专业医院接受这类手术治疗。

2. **拔除倒睫毛**：如果狗狗的倒睫毛数量很少，主人可以直接用小镊子拔出倒睫毛。但这种方法只能解燃眉之急，只要毛囊还在，倒睫仍旧会长出来。

另外，主人还可以定期修剪狗狗的睫毛和眼部周围多余的毛发，保护眼周，但需要保留一定的长度。

3. **抗菌消炎**：在狗狗眼部滴入抗生素眼药水，或涂抹抗生素眼药膏，能起到预防倒睫感染的作用。

🐾 樱桃眼

樱桃眼是极为常见的犬类眼科疾病，其学名为第三眼睑腺体脱出。

狗狗的第三眼睑位于内眼角的内部，藏于眼睑后方。正常情况下，我们只能看到狗狗第三眼睑很小的边缘。当狗狗患有樱桃眼时，我们肉眼就会观察到眼角有一个肿胀的粉红色或红色的"小球"。

病因

造成第三眼睑腺体脱出的主要原因有以下 2 点。

1. 一些品种的狗狗负责连接腺体底部与眼周间的结缔组织，先天发育不正常，或是肌力不够，就只能任由腺体基部下方的构造脱垂出来。

这种病多见于未成年的小型犬，如马尔济斯犬、英国斗牛犬、比格犬、狮子犬、沙皮犬和波士顿梗等。

2. 如果狗狗的腺体发炎肿大，也可能会引起腺体脱出到眼球表面。

治疗方法

1. 发病初期，主人可以选择使用眼药水保守治疗。有些狗狗的眼睑腺体可能会缩回眼内。但大部分情况下，眼睑腺体只是稍稍变小，变为暗红色，流泪症状会稍有缓解。

2. 保守的药物治疗容易复发，主人也可以选择不易复发的手术治疗。手术治疗有两种方法，一是第三眼睑腺样体切除术，二是包埋术。传统的第三眼睑腺样体切除术，可以一次性解决第三眼睑腺样体脱出的问题，但可能会引起术后的干眼症。包埋术则能降低干眼症复发的概率。因此，建议首选包埋术。如果仍有复发，再使用第三眼睑腺体切除术。

进行手术的最佳时间，通常是在狗狗樱桃眼发病后 1 周。过早手术会引发急性炎性水肿，导致容易出血，加重眼周组织的炎症。

护理事项

1. 术后 3 ~ 6 天内，主人要护理好狗狗的眼部，用含有泪液成分的眼药水点眼，以防感染。

2. 从发病初期到术后，主人尽量要给狗狗佩戴好伊丽莎白圈，预防狗狗抓挠眼部，造成二次伤害。

🐾 结膜炎

结膜炎，俗称粉红色眼睛，是覆盖狗狗眼睑和眼球表面的结膜的炎症，是狗狗常见的眼部疾病。

结膜的主要作用是分泌泪液，润滑眼球。当狗狗染上了结膜炎时，结膜的正常生理功能就会受到破坏，无法正常分泌泪液，眼球就会受到不同程度的损伤，如果治疗不及时，狗狗可能会失明。

临床症状

根据病理性质，结膜炎分为急性结膜炎、慢性结膜炎和化脓性结膜炎，在症状上呈现细微的差异。

1. 急性结膜炎：急性结膜炎的病症一般比较严重，表现为结膜充血，尤其是眼睑结膜和穹窿部结膜充血。在眼睛周围，我们可以看到许多脓性的黄白色分泌物。结膜水肿，上下眼睑甚至粘连在一起。

2. 慢性结膜炎：患慢性结膜炎时，狗狗的眼睛不会有明显的肿胀，但是眼睛会明显缺乏光泽。由于泪液分泌减少，更容易引起干性球结膜炎，因此常有眼睑痉挛的现象。

3. 化脓性结膜炎：化脓性结膜炎会使狗狗的眼睑皮肤出现湿

疹，因为瘙痒，狗狗会经常用爪子抓挠。此病病程较长，可能会导致角膜混浊。

病因

1. 狗狗的眼睛受到物理、化学刺激引发了炎症，如外伤、沙尘、烟熏、石灰粉、消毒药剂等。

2. 狗狗眼周的器官有病变，或是感染了某些传染病（如犬瘟热、犬丝虫病等），病菌逐渐向眼部蔓延并大量繁殖，就引发了结膜炎。

治疗方法

狗狗患结膜炎，可能会传染给其他宠物和人。结膜炎的病因很复杂，若是狗狗感染了细菌或病毒而引发了结膜炎，就可能具有传染性。因此建议主人控制好接触距离，做好卫生防控，及时带狗狗去医院进行治疗。

1. 如果是由于过敏或外伤引发的结膜炎，一般狗狗会在几天之内自行康复。所以狗狗的结膜炎症状较轻时，不要急于用药，主人可喂食饮食补充剂来增强狗狗的免疫力，辅助自愈。

2. 有的免疫机能低下的狗狗在病毒、细菌的感染下，结膜炎会逐渐加重，甚至造成角膜穿孔，伤及狗狗的眼表。而这些损伤是不可逆的，必须通过药物治疗才能康复。

针对最常见的细菌感染和物理刺激引起的结膜炎，常用消炎眼药水有：新霉素、多黏菌素、杆菌肽三联眼药水、氯霉素眼药水、庆大霉素、妥布霉素眼药水、氧氟沙星眼药水。不建议给狗狗使用红霉素眼膏，因为它是人用药，不是兽用药。

🐾 白内障

狗是全世界最容易得白内障的物种之一，还会引发各种并发症。

一般来说，白内障的发病率会随着狗狗年龄的增长而升高，且危害极大。浑浊的晶状体会隔绝本应投射在视网膜上的光线，导致狗狗视力下降，直至失明。所以及时发现、及时治疗，才是上上之策。

临床症状

正常情况下，眼睛里的晶状体是透明的，晶状体内的蛋白质属于可溶性蛋白质。但当这种蛋白质变为不可溶性蛋白质，晶状体就会变得浑浊，外显为眼球发白。但当主人发现狗狗眼睛明显有白膜时，大概已经是白内障中晚期了。

临床医学上，要诊断狗狗是否确实患有白内障，需要使用检眼镜、眼压计、裂隙灯、B超等多项专业设备。在生活中，主人怎么才能发现狗狗患有白内障呢？

白内障的发生大致经历3个时期：初发期、中期、后期。

初发期：狗狗的眼球可能不会有白色，可能会看到很透明、很闪烁的眼角膜。有时在阳光、强光下，狗狗眼睛会模糊、怕光、色调改变。但这些早期症状，主人一般难以察觉。

中期：狗狗视力明显下降，经常撞到东西，甚至接不住主人抛出的物体。

后期：狗狗的眼神难以对焦，眼睛可能还会充血。由于狗狗看不清东西，就会对周围的动静格外敏感，变得担惊受怕。此时，狗狗的瞳孔中央会出现白色混浊物质，仿佛一颗白色的核逐渐扩大。

病因

狗狗患上白内障，不分年龄。有的一出生就有白内障，有的则是在成长中患病。迷你雪纳瑞、贵宾犬、平滑毛猎狐梗、美国可卡犬、比熊、波士顿梗等犬种容易患上此病。

1. 先天性白内障：在胎儿时期，狗狗的晶状体就发育异常，或是携带白内障的基因。

2. 创伤性白内障：眼睛受到机械损伤后，狗狗的晶状体和晶状体囊吸收营养有障碍，逐渐发生病变。

3. 继发性白内障：由虹膜炎等其他眼病和糖尿病等全身性疾病诱发。

4. 老年性白内障：狗狗在老年化过程中，晶状体发生退行性变化，发病年龄集中于 8 ～ 12 岁。

治疗方法

白内障是一种不可逆的疾病，主人要做的是充分了解疾病，并积极治疗。

1. 饮食疗法：多喂食蓝莓、西兰花、胡萝卜、深海鱼类、鸡蛋等食物，能帮助狗狗明目。

2. 药物治疗：白内障早期时，可以给狗狗使用卡他灵和麝珠明目眼液等眼药水，起抑制作用。

3. 手术根治：手术是目前唯一能根治白内障的方法。手术最好选在眼睛未发炎前进行，术后需要滴眼药水及抗生素药。狗狗还要戴伊丽莎白圈，短时间内不能洗澡。

常被误认为是白内障的"核硬化症"

有些狗狗年龄大了，晶状体会变混浊，呈现出蓝灰色，这是老化过程中的一种正常现象，被称为"核硬化症"。

虽然白内障和核硬化症在初期的症状很像，但核硬化症不会影响视力，属于生理性变化，不需要治疗。而白内障则属于病理性变化，需要及时治疗。

所以，主人如发现狗狗眼睛有异常，要及时带它去医院检查。

🐾 青光眼

青光眼是狗狗眼科疾病中较高发的一种疾病，治疗及时，是可以根治的。但如果耽误了时间，就可能造成无法挽回的后果。

青光眼简单来说，就是眼压异常。正常情况下，眼内会产生一种名为房水的水状液体，用来维持眼球的正常形态。如果房水的循环平衡被破坏，眼压增加，就会形成青光眼。

类型

狗狗青光眼分为原发性和继发性两种。

1. 原发性青光眼：狗狗的眼房结构发育不良或发育停滞，影响了眼睛的排液功能，引起眼压升高。原发性青光眼是比较常见的，而且具有遗传性。中国沙皮犬、美国可卡犬、比格猎犬、松狮犬、哈士奇等特殊品种较为高发。不同犬种的发病年龄有差异，通常发病于 4 ~ 9 岁。

2.继发性青光眼：是由其他眼病所致的青光眼。晶状体前移或后移、眼肿瘤、色素膜炎、眼内外伤出血等，使眼角粘连，破坏了房水的正常循环，造成了眼压增高。

临床症状

狗狗的青光眼比白内障更容易导致失明，因此需要主人更加留心。狗狗的青光眼，可突然发生，也可逐渐形成。

早期症状有：

1.眼眶湿润，多泪。

2.结膜充血，眼睛变红。

3.有轻微的眼睑痉挛，偶尔疼痛。

4.瞳孔视物正常，视力未受影响。

随着病情加重，狗狗的眼压增大，病症也更加明显，主要有：

1.眼球变大、变硬，虹膜及晶状体前突，逐渐断裂、脱位。

2.瞳孔异常散大，出现斜视，失去对光的反射能力。

3.在暗室和阳光下，狗狗的眼角膜呈绿色、淡青绿色或蓝色。

4.滴入缩瞳剂后，狗狗的瞳孔收缩缓慢，或仍保持散大，且晶状体没有变化。

5.逐渐丧失视力，缺乏方向感，经常撞到物品。

治疗方法

给狗狗治疗青光眼的原则是恢复正常的眼压水平，保留狗狗的视力。通常有药物治疗和手术治疗两种。

1.药物治疗：眼内用药（眼膏或滴眼液）、全身用药（口服药片或静脉注射），在初期治疗较为有效。如外用药硝酸毛果芸香碱滴眼液、可的松滴眼液；口服药二氯磺酰胺。

2.手术治疗：外科手术一般是用冷冻法、激光法来清除狗狗眼内产生房水的区域。选择外科手术的前提是狗狗仍然有视力。

如果两种方法都无法治愈，狗狗的眼压持续上升，疼痛始终无法缓解，眼内已经出现肿瘤，就只能考虑手术摘除眼球。

🐾 鼻炎

狗狗的嗅觉是它们赖以生存的重要功能，若嗅觉出了问题，对它们的生活影响巨大。因此，当狗狗患有鼻炎时，主人一定要引起重视。

临床症状

患上鼻炎的狗狗，通常会鼻涕增多，鼻腔有痒感，且鼻腔堵塞，易打喷嚏。由于鼻炎分为急性鼻炎和慢性鼻炎，因此在病症上还是有不同之处的。

1.急性鼻炎：急性鼻炎与咽喉炎并发时，狗狗有咳嗽、吞咽困难、下颌下淋巴结肿胀等症状。

鼻炎初期，狗狗鼻腔内的黏膜呈鲜红色，鼻腔内壁肿胀。狗狗经常摇头晃脑，抓挠鼻子。而且，狗狗会一直流鼻涕，多为透明状、泛黄的浆液。

随着鼻炎加重，狗狗的鼻黏膜肿胀更加明显，鼻腔变窄，会有呼吸困难的现象。鼻涕变为糊状，干燥后会在鼻周毛发上结成干痂。

2.慢性鼻炎：慢性鼻炎是引起窒息和脑病最常见的病因之一。因此，主人也要注意狗狗是否患有慢性鼻炎。

症状较轻，发病缓慢，持续时间长。狗狗流鼻涕时多时少，多为脓性黏液，偶尔有血性分泌物。时间久了，狗狗鼻孔处的色素会逐渐消退，偶见脱毛。

慢性鼻炎如果拖延过久，可能会造成组织崩解、骨质坏死。

病因

狗狗的鼻炎，根据病因可分为原发性鼻炎和继发性鼻炎。

1.气温骤变易导致原发性鼻炎。换季时，天气突然变冷，气温骤降，冷空气会刺激狗狗的鼻腔黏膜，使鼻腔黏膜充血、外渗。而积聚在鼻腔内的细菌趁机破坏黏膜并造成发炎。因此，天冷时，主人要注意给狗狗保暖。

2.吸入有害气体、飞虫等易引起原发性鼻炎。氨气、氯气、烟尘等有害气体，小昆虫、花粉、刺激性调味料等，都会直接刺激狗狗的鼻腔黏膜，导致鼻炎。

3.传染病易引起继发性鼻炎。如流行性感冒、鼻螨病、咽喉炎、犬瘟热等传染病，都可能引起鼻炎。

治疗方法

治疗时，先将狗狗安置在温暖、通风的环境中，远离冷空气和各种刺激性气味。

1.急性鼻炎。病症较轻的急性鼻炎，有些狗狗不吃药也能自己痊愈。对于症状明显的狗狗，建议使用药水冲洗鼻腔。主人可以将10毫升生理盐水、2毫升兽用硫酸庆大霉素、1毫升地塞米松磷酸钠注射液混合在一起，用无针注射器冲洗狗狗的左右鼻孔，等待药液自行流出。每天 1 次，1 周左右可康复。

2. 慢性鼻炎。将 4 片 0.75 毫克的地塞米松磷酸钠片放入 10 毫升氯霉素滴眼液中，搅拌至彻底溶解。主人用无针注射器冲洗狗狗的鼻孔，每天只需 1 次，3 天左右就能康复。

如果是过敏性的慢性鼻炎，建议给狗狗间断性地给予糖皮质激素或萘甲唑啉，并远离过敏原。

3. 鼻腔堵塞严重时，可选用温热的生理盐水、2% ~ 3% 硼酸液、1% 碳酸氢钠溶液、0.1% 高锰酸钾液，每天冲洗狗狗的鼻腔 1 ~ 2 次。冲洗之后，再向狗狗的鼻孔内滴入消炎剂。

4. 当狗狗的鼻腔肿胀严重，呼吸困难时，可将 5 ~ 10 毫升的蒸馏水与 0.1% 的肾上腺素溶液混合，冲洗狗狗的鼻腔，每天 2 ~ 3 次。

5. 局部消炎、护肤。狗狗鼻周有炎症时，可适当涂抹抗生素软膏。若鼻孔周围的结痂被冲洗掉了，可用凡士林涂抹，保护皮肤。

🐾 牙结石

牙结石不是小毛病，而是一种危害较大的口腔疾病，甚至可以致死。因此，主人需要从小就给狗狗预防牙结石。

牙结石是各种食物残渣、大量细菌矿化形成的产物。开始只是食物残渣和口腔中的细菌附着在牙齿表面，慢慢形成一层软垢。这层软垢与唾液中的钙离子和其他矿化物质结合，很快就形成牙菌斑。牙菌斑和食物残渣在唾液的新一轮浸泡下发生钙化，就形成了牙结石。

牙结石主要产生于牙缝间、牙齿的舌侧面和牙周袋内，紧贴牙齿，很难通过刷牙、漱口的方式完全清理干净。

牙结石对狗狗健康的危害

牙结石不仅会引发溃疡、牙龈炎、牙周炎等口腔疾病，还可能会威胁狗狗其他器官的健康。

1. 消化系统：狗狗牙结石严重时，咬合会有剧烈痛感，从而降低食欲。进食减少，消化系统就会变得紊乱，导致抵抗力降低，引发多种肠胃疾病。

2. 心肺肝肾：如果狗狗的牙龈被细菌腐蚀而溃烂，细菌就能通过牙龈进入血液，进而感染狗狗的心脏、肺、肝和肾等器官。严重时，还会危及狗狗的性命。

3. 神经系统：给狗狗洗牙需要全身麻醉，而麻醉可能会对神经系统产生不良影响。

临床症状

除了明显的牙结石痕迹，狗狗身上还会有其他症状能提示主人它们牙齿的异常。

初期，狗狗的口腔中会散发出若有若无的恶臭。中期时，牙龈会受牙结石和牙菌斑的感染，变得红肿、出血、萎缩。

牙结石严重的狗狗，牙周组织也会受到伤害，有牙齿松动并脱落、牙龈炎、牙槽骨膜炎、颌下淋巴结肿胀等问题。

治疗方法

治疗牙结石的最好方法是预防，主人要坚持每天给狗狗刷牙，减少牙结石的产生。

当牙结石严重，已经出现了各种牙周病时，就需要去医院进行专业的口腔清洗。医生会通过手术清除牙垢、做牙齿抛光，甚至拔除松动的牙齿。

手术后，主人要多注意狗狗的牙齿护理。建议主人给狗狗喂食硬质、粗糙的食物，有磨牙和预防牙结石的作用，并适当使用口腔清洁剂，清除牙齿周围的残留食物。另外，主人可以定期带狗狗去医院做口腔检查，防患于未然。

狗狗吃哪些食物容易患牙结石

狗狗易长牙结石，可能与长期不良的饮食习惯有关。

1.经常吃软糯的食物：过软、过湿、过黏的食物，并不适合给狗狗长期喂食。火腿肠、罐头、肉类这类食物容易在狗狗的口腔中碎成残渣，黏在牙齿缝隙间。

2.经常食用人的食物：人的食物中往往添加了大量的油、盐、糖等调料，狗狗经常咀嚼这些食物，容易滋生牙菌斑，引发牙龈疾病。

🐾 牙周炎

狗狗的牙周炎是牙周组织被细菌感染，引发的一种慢性炎症。真菌、细菌、外伤、代谢紊乱、全身性疾病都可能会诱发牙周炎。主人可能无法察觉到这些病因，但牙周炎一般是从形成牙菌斑、牙结石开始的。

牙菌斑、牙结石都含有大量的细菌，这种细菌会产生有害物质，损伤牙齿周围的支撑组织，如牙龈、牙根。这种损伤将在牙齿周围形成一个不断扩大的区域，细菌聚集、向外感染，形成牙周炎。

临床症状

狗狗得了牙周炎，早期症状并不明显，只会有轻微的口臭和牙龈红肿、出血。

严重时，可能会出现严重的口腔炎症，进而导致鼻腔及面颊的继发性感染，狗狗身体上会呈现出以下异常。

1. 口水分泌增多，齿龈肿胀变软、萎缩，牙根逐渐暴露、松动。

2. 口腔黏膜、舌、牙龈上有不同程度的红肿、溃疡性肉芽组织和脓液形成物。

3. 不敢进食，逐渐消瘦，疼痛难忍时偶尔会突然发狂，躲避性逃跑。

治疗方法

如果狗狗患上了牙周炎，一定要去宠物医院进行专业的诊治，医生一般会按严重程度选择以下治疗方法。

1. 牙齿清洗：如果狗狗的牙周炎不是很严重，医生会在使用麻醉剂的情况下，清除狗狗的牙渍、结石及食物残留。尽量全方位地进行抛光，以减少牙渍和结石聚集。

2. 服用药物：阿莫西林、抗生素等药物，都有助于缓解狗狗的牙周炎。

3. 拔牙处理：当狗狗的牙周炎是牙齿发育不正引起的，医生会进行拔牙处理，以消除炎症。另外，针对治不好的反复性牙周炎，也建议拔掉相关的牙齿。

🐾 口炎

口炎是口腔黏膜炎症的总称，包括牙齿、牙龈、口腔黏膜和舌头的炎症。

狗狗患上口炎后，口腔状态十分脆弱，可能会拒绝进食。主人要及时采取治疗措施，帮狗狗摆脱这份痛苦。

类型

根据炎症的性质，狗狗的口炎主要分为卡他性口炎、水疱性口炎和溃疡性口炎。

1. **卡他性口炎**：这是临床最常见的一种口炎，8周龄的狗狗容易患病。虽然炎症明显，却是口炎中最轻微的一种，且病程较短。当狗狗得了卡他性口炎时，口腔黏膜会有轻微的肿胀，伴随恶臭、流口水，舌头表面呈灰白色。

2. **水疱性口炎**：这是由物理性和化学性等急性刺激引发的，一般2小时左右便会发病。初期口腔黏膜下层有透明的浆液状液体，局部充血、水肿，出现红斑、水疱等，后期口腔黏膜会逐渐溃烂。

3. **溃疡性口炎**：狗狗的牙齿、牙龈和颊黏膜坏死后，常从唇内、舌、上颚等部位逐渐感染到咽喉。具体症状表现为牙缝、牙龈等呈现暗红色乃至蓝红色的肿胀，易出血。1～2天后，变为黄色、黄绿色的糊样油脂状，这种假膜脱落后，会出现大小不等的糜烂或溃疡。

临床症状

口炎症状不严重时，狗狗可能会在1周内逐渐痊愈。如果狗狗有以下异常，就说明口炎非常严重，必须尽快治疗。

1. 狗狗抗拒食用粗硬的狗粮，只吃软肉等流食。而且，在吃东西时，狗狗很少咀嚼就吞下食物，或是直接吐出。

2. 不进食时，狗狗的唾液明显增多，甚至不停地拉丝流出，嘴边常有白色的泡沫。

3. 口炎严重后，狗狗的喘息声极重，吞咽十分困难，甚至脖颈会伸长。有时，狗狗还会全身发热，不吃不喝，或是只喝少量凉水。此时，狗狗口臭严重，口内有明显红肿、糜烂的患处。

病因

诱发狗狗患上口炎的原因如下。

1. 机械损伤。狗狗的嘴容易被骨头、鱼刺、钉子、铁丝等尖锐坚硬的东西所伤，造成口腔黏膜损伤。如果发生感染，就很容易形成口炎。

2. 刺激物。若狗狗不小心吃了过热食物或是浓度过高的刺激性物质，如开水、发霉的狗粮、生石灰干燥剂、洗衣液等，可能会烫伤口腔，引起炎症。

3. 其他疾病诱发。正常情况下，狗狗口腔内的菌群是平衡的。但当狗狗患有一些常见的疾病时，如犬瘟热、甲状腺疾病、咽炎等，口腔中的致病性菌群就会过度繁殖，进一步感染口腔黏膜，使狗狗出现溃疡性口炎。

治疗方法

1. 喂食细软的食物。当狗狗有口炎后，继续吃硬食，会加重口腔黏膜的溃烂。此时，主人应该喂食湿粮，如主食罐、蔬菜粥、肉粥、鸡蛋粥、营养膏等。这类食物不会刺激狗狗的溃疡处。

2. 口腔清洗。主人可以用宠物漱口水、稀释的生理盐水，或2%的碳酸氢钠溶液，冲洗狗狗的口腔。每天冲洗 2～3 次。然后，向狗狗的口中喷入宠物通用的口腔溃疡清洁喷剂，如宠口青等，以减少口腔异味。

3. 送医治疗。若狗狗口炎越来越严重，需要立即送医检查，在医生指导下喂食消炎药。必要时，需要打抗生素来缓解狗狗的痛苦，帮助狗狗早日康复。

4. 口炎期间，给狗狗喂食富含维生素 B 的蔬果汁，或是 B 族维生素营养剂，可以稍微减轻炎症。

😺 便秘

狗狗的正常排便间隔时间为 8～24 小时，如果连续 48 小时没有排便，即为便秘。狗狗出现了便秘的状况，非常不利于健康。

临床症状

1. 排便次数明显减少，排便的时间间隔延长。

2. 排便十分困难，因疼痛而不断惨叫，粪便量少、干硬。

3. 肠胃积食，腹部肿胀，食欲缺乏，厌食。

4. 便秘时间长时，会出现持续性呕吐，严重时会脱水。

5. 后肢痉挛，可能有肛裂。

病因

1. 喂食不合理。长时间吃含纤维少、含肉量高的食物，如动物内脏、肉骨、人的饭菜等，营养不均衡。

2. 压力突增。生活环境骤变，如搬家、换粮、调整作息时间，都可能使狗狗感到紧张，肠胃蠕动变慢，导致排便次数减少。

3. 不爱运动。狗狗身体过于肥胖，不爱运动，导致食物在肠道中消化困难，长期堆积在肠道中。

4. 毛发。狗狗吞食毛皮，也会产生便秘。另一方面，狗狗肛门周围的毛发过长，易引发肛门炎和便秘。

5. 狗狗不爱喝水，也会引发便秘。

便秘对狗狗健康的危害

1. 破坏肠胃功能。积聚在腹中的粪便含有有毒气体和毒素，在狗狗体内释放出来，会破坏肠道环境，引起胃肠功能紊乱。如果便秘变为慢性疾病，还可能引起胃肠炎。

2. 内分泌激素失衡。新陈代谢的周期和速度减慢，会使狗狗的身体机能随之改变，引起食欲下降、睡眠质量差等问题。

3. 情绪焦躁。长期便秘的狗狗，通常精神不振，脾气暴躁。

4. 皮肤状态差。狗狗便秘后，皮肤状况会变差，长出斑点，毛发变得暗淡杂乱。

5. 排便不畅，还可能加重狗狗的高血压、冠状动脉疾病等病情。

治疗方法

狗狗便秘较轻时，主人可以采用饮食疗法缓解病情，喂食易消化、纤维含量丰富的食物。

1. 促进肠胃蠕动的保健品：益生菌、整肠粉等。

2. 富含果酸和水分的果蔬：苹果、猕猴桃、西红柿、南瓜等。

3. 蜂蜜，润滑肠道，促进排便。在蔬果、狗粮中滴入几滴蜂蜜，能顺畅通便。但不能过多，否则容易使狗狗腹泻。

如果狗狗便秘了一段时间，还无法缓解，就需要进行药物治疗。

1. 可以将 5 ~ 30 克硫酸钠溶于 200 毫升纯净饮用水中，给狗狗灌服。

2. 也可用甘油、液体石蜡给狗狗灌肠。灌肠时，压力不能太大。

3. 按摩也可以缓解狗狗的便秘，主人可以自上而下地按揉它的肚子。

4. 狗狗连续 3 天未排便时，可以使用开塞露。但频繁使用开塞露，容易让狗狗产生依赖性，还可能造成狗狗肠道剧烈蠕动、局部缺血，所以要遵医嘱使用。

🐾 肠胃炎

肠胃炎是狗狗常见的消化系统疾病，表现为胃肠道表层组织及深层组织的炎症。

临床症状

狗狗得了肠胃炎，主要有消化紊乱、腹痛、腹泻、发热和毒血症等症状。

1. 初期病症主要是消化不良，狗狗喜欢卧在冰凉的地面上，食欲下降。

2. 发展为胃炎时，病症加重，体温升高（40～40.5℃），频繁呕吐，呕吐物中可能混有血液，出现脱水与痉挛现象。如果主人去摸狗狗的腹部，它会感到紧张，并有明显的痛感。

3. 发展为肠炎时，狗狗的肠蠕动增强，腹泻加剧。狗狗排出的粪便中可见黏液和血液，容易引起肛门感染。

4. 后期时，狗狗甚至无法正常走路，经常卧地不起，甚至陷入昏迷。

病因

1. 原发性肠胃炎：主要是因为食用了被污染的或变质的食物、水，或是吃了难以消化的食物。此外，狗狗误食了化学药品、重金属，刺激肠胃，也可能会导致原发性肠胃炎。

当狗狗体内缺乏 B 族维生素时，抵抗力有所下降，风寒受凉也可能引发原发性肠胃炎。

2. 继发性肠胃炎：主要是由其他病毒病（冠状病毒病、细小病毒病等）、细菌病（大肠杆菌病等）、寄生虫病引发的。

诱发胃肠炎的不良习惯

1. 暴饮暴食，一次性吃过多的食物，造成消化不良。

2. 主人有时在挑选食材、控制食量上粗心大意，饥一顿饱一顿，狗狗就容易患肠胃炎。

此外，当天气骤变时，主人还给狗狗洗澡、吹空调，也会降低它的免疫力，诱发肠胃炎。

3.过度喂食抗生素，破坏肠胃内的正常菌群生态，引发肠胃炎。

治疗方法

如果狗狗感染了肠胃炎，一定要及时就医，预防脱水和自体中毒，不建议主人在家用药。治疗期间，加强饮食管理。

1.初期禁食：对肠胃饱胀的狗狗，可喂食少量的植物油或医用石蜡等缓泻剂。此后，让狗狗禁食24小时，限制饮水量。等肠胃充分缓和后，主人再给狗狗少量易消化的流食。

缓泻剂或催吐剂的使用，需遵医嘱。

2.止吐：频繁呕吐可能会引发脱水等并发症。因此，呕吐严重时，医生会及时给予止吐药物，如肌内注射氯丙嗪、甲氧氯普胺等。

3.消炎止泻：通过注射兽用庆大霉素等消炎药，或口服诺氟沙星和呋喃唑酮等止泻药，帮狗狗减轻腹泻的症状。

4.防止酸中毒：在狗狗的饮用水中添加适量的口服补液盐，或去医院静脉注射葡萄糖等营养液，以平衡电解质。

🐾 结肠炎

狗狗结肠炎，也被称为大肠炎症，久病不愈，会逐渐演变成慢性腹泻。

临床症状

腹泻是结肠炎的主要症状。

狗狗结肠的功能是吸收水分，发生炎症后，结肠的吸水能力变弱，刺激狗狗的肠胃，多腹泻。排泄次数频繁、排便量大，呈半成形的液体粪便。有时，粪便中还混有黏液、脓血，散发臭味。轻者每天拉 3 ~ 4 次，重者每隔 1 ~ 2 小时拉 1 次。

此外，下腹部疼痛、胀气、便秘、放屁等也是结肠炎的症状。

如果狗狗没有呕吐，就说明病情不严重。

病因

造成狗狗结肠炎的原因主要有以下几种。

1.寄生虫感染是导致结肠炎的主要原因之一。鞭虫、鞭毛虫和晶状孢子虫等寄生虫，在狗狗的肠道内快速繁殖，会引起结肠炎。

2.病毒感染。饮食上不注意时，各类细菌、病毒就会引起结肠炎。

3.继发感染。犬瘟热感染、犬细小病毒感染、犬冠状病毒感染及犬轮状病毒感染等，也会引起狗狗的结肠炎。

4.体质差异。过敏性遗传因素、免疫因素等也会导致结肠炎。

治疗方法

1.狗狗拉稀不严重时，可服用丁酸梭菌粉剂益生菌，平衡有益菌，抑制有害菌。

2.狗狗肠胃较膨胀时，可用兽用催吐剂、泻药或灌肠的方式，清理肠道。

3. 给狗狗吃抗生素，配合丁酸梭菌片剂等辅助治疗型药物，防止炎症加重，连用 3 ~ 5 天即可见效。

4. 治疗初期，建议让狗狗禁食 24 小时，可少量饮水，禁止喂食牛奶、肉类、狗粮等，否则容易加重病情。治愈后，逐渐恢复正常饮食。

哪些狗狗容易患结肠炎

狗狗的品种、年龄、免疫状态，会影响患结肠炎的概率。

1. 未接种疫苗的幼犬，难以抵御寄生虫和病毒的入侵，易患急性结肠炎。

2. 部分品种的狗狗患病率更高，如德国牧羊犬、法国斗牛犬、迷你雪纳瑞、拉布拉多等。

3. 如果狗狗在接受癌症治疗，免疫力被削弱，患结肠炎的风险会加大。

🐾 食道梗死

食道梗死，是指狗狗的食道被食物或其他异物阻塞而引起的一种疾病。

临床症状

异物进入狗狗的食道未排出，可能会有以下表现。

1. 食道不完全梗死。看到食物时，狗狗想吃却吃不下，喝水时还会从口中流出来，吞咽相当困难。但这种表现很容易被忽视，通常是 2 ~ 3 天后才会被发现。

2. 食道完全梗死。狗狗会完全拒食，头颈伸直，多阵咳嗽，经常用四肢搔挠嘴巴或颈部。

3. 划伤食道。如果狗狗开始呕吐，口中时不时流出带泡沫的黏液和血液，就说明食道被划伤了，需要尽快就医。

病因

食道梗死可发生在狗狗食道的任何部位，其中，食道的胸腔入口处、心底部和进入食道的裂孔处最易发生梗死，主要原因如下。

1. 误食异物。狗狗玩耍时不小心吃了小木块、石子等难以消化的东西，使食道梗死。

2. 骨头。狗粮中混有的骨块、鱼刺、大肉块等，容易卡在狗狗的喉咙。

3. 进食受惊。狗狗在吃东西时被吓到，突然仰头吞咽，堵住食道。

治疗方法

1. 轻度梗死时，狗狗食道中的阻塞物可被吐出或直接进入胃中而自愈。

2. 食道梗死病情加重时，建议及时去医院用食道窥镜和异物钳将异物取出，或者进行 X 射线检查确定异物位置并手术取出。

异物卡在食道的时间越长，越容易损伤肠、胃、肺，治疗难度越高，死亡率也越高。

预防方法

1. 尽量避免给狗狗喂食骨头，尤其是鱼刺、鸡骨等带刺的小骨头。

2. 狗狗进食时，不要突然打扰、恐吓，让狗狗专心咀嚼。

3. 给多只狗狗喂食时，最好将它们隔开一定距离，以免相互争抢食物。

🐾 肠套叠

肠套叠，是指狗狗的一段肠管及其附着的肠系膜折叠起来，嵌入邻近的一段肠腔内，引起肠变位的一种病症。

临床症状

急性肠套叠通常几天内就会死亡，而慢性肠套叠的病症则会持续数周不等，主要表现为以下几种。

1. 血便：肠套叠阻断了血液、黏液循环，造成狗狗排便不畅，粪便多为黑红色的血便。

2. 腹部有肿块：医生在腹腔触诊时，在狗狗的右下腹可触摸到香肠状的肿物，粗实而有弹性，长短不一，即套叠肠段。

3. 腹痛：狗狗的腹部变得敏感，人触摸到套叠肠范围时，狗狗有明显的躲闪、呻吟和疼痛反应。

4. 顽固性呕吐：进食后的短时间内，狗狗就会呕吐，后期可能吐出胆汁，服用止呕药物也不见好转。

治疗方法

根据具体的病症，宠物医生会实施对应的治疗方案。

1. 保守治疗：对肠套叠长度短的、发现较早的狗狗，可以进行灌肠术，或是在体外复位。

2.手术治疗：临床症状严重时，应尽快进行剖腹手术。另外，灌肠术失败时，也需立即采取手术疗法，切除坏死的肠段。

3.术前，狗狗应适当补液，避免酸碱平衡失调。术后的康复期间，需要给狗狗补充体液，防止休克，并配合抗生素进行抗菌消炎。

4.术后狗狗需禁食2天，第3天可喂一些流质营养食物，再逐渐改为常食。

哪些狗狗容易患肠套叠

肠套叠可能发生在任何年龄段的狗狗身上，但幼犬和老年犬的发病率更高一些。另外，因肠套叠多发生在小肠中，大型犬的患病率较高。

1.消化能力弱、免疫力差的6月龄以内的幼犬。

2.喜欢喝冰水、吃冰冻食物的狗狗。

3.体内有蛔虫、复孔绦虫等寄生虫过多的狗狗。

🐾 乳腺增生

狗狗体内的雌激素失调，引起乳腺小叶结构改变，就会形成乳腺增生。

临床症状

1.乳房有硬块或结节。

2.狗狗会感到疼痛，但不是固定位置的疼痛，而是乳房不同位置间断性的疼痛。

3. 可能会因为狗狗舔舐导致乳腺炎。

乳腺增生和乳腺炎的区别

乳腺增生和乳腺炎都属于狗狗典型的乳腺疾病，二者主要存在如表 2-1 所示的区别。

	乳腺增生	乳腺炎
病因不同	内分泌紊乱，雌激素分泌失调	细菌侵入乳腺，或乳汁淤积
疼痛位置不同	非固定点的、断断续续的疼痛	发炎、红肿区域反复疼痛；较为持续的疼痛
伴生症状不同	一般不会引起发热	一般会有发热

表 2-1

治疗方法

1. **热敷**：病情较轻时，主人可用热毛巾热敷，再用碘伏擦拭消毒，既能缓解肿胀，又能防止感染。

2. **按摩**：主人可以按照顺时针、逆时针的方向，每天给狗狗按摩乳房。力度要适中，以免让狗狗更加疼痛。大约坚持 3 周，硬块就会逐渐消失。

3. **口服消炎药**：病情严重时，建议尽快就医。在确定没有恶性肿瘤之后，医生会开具乳癖消、抗生素等药物，调节内分泌，消炎消肿。

4. **手术治疗**：如果乳房中已经增生了肿瘤，则需要采取手术治疗，切除肿瘤。

🐾 乳腺炎

乳腺炎是母狗患病率极高的乳腺疾病之一，任何年龄段的母狗都有患病的可能性。

临床症状

按照病程来分，母狗的乳腺炎分为急性乳腺炎与慢性乳腺炎，症状有一定区别。

1.急性乳腺炎是因感染葡萄球菌、大肠杆菌所致，母狗会感到全身不适，具体症状如下：

（1）乳腺部位发红、发紫，有明显的肿胀和硬块，且该部位温度高于体温。

（2）乳头分泌黄絮状物或带血的液体，哺乳期的狗狗乳汁排出不畅。

（3）乳腺淋巴结肿大。

2.慢性乳腺炎是狗狗在怀孕后期出现的乳腺炎，全身症状不明显，主要表现有：

（1）乳房周围有硬结、脓肿。

（2）一个乳头或多个乳头变硬，用手挤压时可挤出分泌物。

（3）疼痛感明显，反复发作，久治不愈。

病因

一般来说，患乳腺炎有两个原因：一是细菌或病毒造成乳腺感染，二是因刺激或激素药物治疗导致乳腺炎。

产后的母狗，是乳腺炎发病率最高的群体之一。这是因为，它们的乳头常被幼犬咬伤，各类病菌侵入乳腺，导致乳腺炎。另外，断奶时，母狗的奶水淤积，细菌聚集繁殖，也会导致乳腺发炎。

乳腺炎的危害

乳腺炎严重时，细菌感染可能会导致狗狗出现高热不退、精神不振、食欲下降，甚至出现感染性休克。进一步发展，狗狗的乳腺组织可能会逐渐腐烂、坏死，形成脓肿、囊肿，甚至发展为恶性肿瘤。

哺乳期的狗狗得了乳腺炎，也会威胁到幼犬。母狗乳汁分泌会减少，甚至停止分泌，也可能会因为疼痛而拒绝哺乳，导致幼犬吃不到母乳。而且，乳腺化脓后，乳汁是不能喂给幼犬的。

治疗方法

母狗患有乳腺炎时，治疗得越早，效果越好。如果转为慢性乳腺炎，母狗可能会丧失泌乳能力。

急性乳腺炎的治疗方法

1. 急性乳腺炎应尽快治疗，首先要减轻乳房压力，排出患病乳腺内的乳汁，白天每 2 ~ 3 小时挤 1 次，夜间每 6 小时挤 1 次。

2. 挤净乳汁后，医生会用乳导管向母狗的乳腺内注入青霉素和链霉素，每天 1 ~ 2 次。然后，捏住狗狗的乳头，轻轻按摩乳房，帮助药物充分扩散、吸收。

3. 医生一般会开具抗生素或磺胺类药物、止痛药，进行全身治疗，如甲硝唑、头孢曲松、头孢唑林、痛立止、布托啡诺等。

4. 如果狗狗出现乳腺炎全身中毒的情况，则需要考虑手术、静脉注射等方式进行抢救。

5. 将母狗隔离，减少外界刺激，也不宜喂养幼犬。

慢性乳腺炎的治疗方法

1. 在狗狗的患处局部热敷。

2. 使用利尿剂进行治疗，治疗前 24 小时狗狗要禁食；治疗前 6 ~ 10 小时内不能喝水。

预防方法

1. 将狗狗乳头附近的毛发剃光，发现污秽时及时清理，保持乳头的清洁。

2. 修剪幼犬的趾甲，避免抓伤母狗的乳头。

🐾 子宫蓄脓

子宫蓄脓是临床上发病率最高的母犬产科疾病，需要主人格外重视。

临床症状

子宫蓄脓主要分为开放型子宫蓄脓、封闭型子宫蓄脓，不同类型症状表现不同。

1. 开放型子宫蓄脓，对狗狗的危害相对小一些，不容易出现子宫破裂、腹膜炎，而且有明显症状，比较容易被发现。

主要症状有：生殖道内会产生黄色、褐色的液体分泌物，有腥臭味。

2. 封闭型子宫蓄脓危险性更大，因为症状并不明显，不易被发现。母狗的生殖道内没有明显的液体分泌物，但下腹部两侧的对称性膨胀非常明显，有时可摸到扩张的子宫角。

主要症状有：

（1）高热、厌食、少动。

（2）频繁喝水、排尿。

（3）外阴部增厚肿大，可能会持续发情、出血，或与妊娠症状相似。

病因

子宫蓄脓主要是因为母狗的子宫内膜受到孕酮长期、反复的刺激，而引起病变，继发细菌感染。

这种疾病常发生于狗狗发情期或产后。每年春、秋两季，狗狗容易发情，刺激黄体分泌大量的孕酮，而此时，狗狗的子宫免疫力较差，对细菌感染十分敏感，容易患上子宫内膜囊性增生，从而引发子宫蓄脓。

此外，狗狗也可能因为内分泌、微生物感染、交配感染，引起子宫内膜炎，导致继发性子宫蓄脓。

子宫蓄脓的危险性

相对而言，开放型子宫蓄脓的危险性较低。因为脓液会自行从子宫内流出，导致中毒和肾衰的可能性较低。但开放型子宫蓄脓有可能转变为封闭型子宫蓄脓。

而封闭型子宫蓄脓的危险性更大，甚至可能导致死亡。这是因为狗狗难以自行排出脓液，从而使子宫破裂。如果携带着细菌、病毒的脓液流到狗狗体内的其他部位，很容易引起腹膜炎、败血症、尿毒症、器官衰竭，严重时还会丧命。另外，针对封闭型子宫蓄脓的手术，难度更大，风险更高，术中易出现大出血。

治疗方法

绝育手术是子宫蓄脓最好的防治方法，但对年龄大、身体虚弱的狗狗来说，风险较大，主人需要慎重考虑。

如果狗狗没有绝育，患了子宫蓄脓，治疗方法如下。

1.保守治疗：医生会先冲洗狗狗的生殖道，再进行抗感染处理。如输液注射催产素、缩宫素、益母草等排出脓液，口服抗生素药物和补充体液，纠正酸碱平衡失调。

保守治疗的治愈率较低，且复发的可能性大，不建议主人选择保守治疗。

2.手术治疗：对大部分的子宫蓄脓，还是建议手术治疗，即摘除子宫。这样既能根治子宫蓄脓的问题，又能防止其他疾病的发生。

哪些狗狗容易患子宫蓄脓

1.中龄（4岁以上）、高龄（6岁以上），从未生育过或仅有一次生育史的狗狗。

2.未绝育的、体重超标的小型狗狗。

3.有子宫腹部手术史、剖宫产病史，或子宫受过损伤的狗狗。

4.子宫先天性畸形，或有肿瘤的狗狗。

5.长期使用激素药物、内分泌紊乱、发情周期混乱或有假孕症状的狗狗。

6.发情期内，狗狗处在细菌较多的环境中，免疫力下降，清洁不到位，也容易得子宫蓄脓。

🐾 犬隐睾

公狗出生后，单侧或双侧的睾丸没有降至阴囊，而是停留在正常下降过程中的任何一处，就是隐睾。

有 10% 左右的公狗患有隐睾，其中，马尔济斯、博美、柯基、斗牛犬等小型犬、玩赏犬或短鼻犬的发病率更高。

每只公狗都有两个睾丸。在公狗出生 1 个月后，睾丸会掉到阴囊内，逐渐显现出来。通常在 8 ~ 10 周龄时，睾丸会完全进入阴囊。当然，有些公狗需要的时间更长。但如果在 6 月龄时，公狗睾丸仍留在腹腔内或腹股沟管内，没有掉入阴囊正常显现出来，就可以确定为隐睾症。

病因

1. 染色体隐性遗传。

2. 后天发育异常，公狗体内的促性腺激素不足。

隐睾的危害

1. 腹痛：公狗患有隐睾时，可能并发睾丸扭转。留在腹腔内的睾丸是随意浮动的，没有特定的位置，极有可能发生扭曲。此时，公狗会产生强烈的腹痛。

2. 影响生育：患隐睾的公狗在治疗前是很难生育的，即使单侧隐睾有一定概率配种成功。治疗后，公狗能否生育，与术后睾丸的数量与位置有关。但隐睾有很大概率会遗传，所以不建议进行配种、繁殖。

3. 增加患癌的风险：睾丸肿瘤是隐睾公狗多发的一种疾病，隐睾长期留在腹腔内，容易导致感染、癌变。

睾丸肿瘤化后，公狗可能会分泌更多的雌二醇，引起雌性化、血小板减少症、凝血功能障碍等问题。

治疗方法

1.保守治疗：如果隐睾已经下降到腹股沟管外，主人可用按摩的方法，帮助睾丸慢慢落入阴囊内。另外，医生会给公狗注射促性腺释放激素，刺激公狗的发育。

一般来说，4月龄以下的公狗，保守治疗的成功率较高，可以尝试。

2.手术治疗：对腹腔内的隐睾和腹股沟管内的隐睾，则需要进行手术摘除睾丸，并进行消炎处理。

🐾 睾丸炎

公狗的睾丸发生炎症，常伴发附睾炎、睾丸鞘膜炎。

临床症状

睾丸炎有急性和慢性之分，症状表现有所不同。

1.公狗患急性睾丸炎时，睾丸明显增大，可能伴随水肿、疼痛。发展为化脓性和结核性附睾炎时，阴囊腔内会形成脓肿，穿刺时可排出脓汁。其精液质量下降，死精和脓液明显增多。此外，公狗的全身症状比较明显，如体温升高、性反射抑制。

2.当公狗感染的睾丸炎为无菌性时，多属于慢性，临床症状变化不明显，一般没有全身症状。

公狗的睾丸会逐渐增大，但无痛感，常见睾丸与阴囊壁下方粘连。病程较长，睾丸会呈现萎缩、纤维化，变得不规则，精液中有白细胞，精子凝集、有畸形。

病因

1. 原发性炎症：睾丸有外伤时，可能会引起该部位的感染和炎症。

2. 病毒性炎症：布氏杆菌、葡萄球菌、绿脓杆菌、链球菌等病毒感染，非常容易引起急性睾丸炎。这些病毒的传播途径十分广泛，如食物、水源、空气、蚊蝇等。

3. 继发性炎症：患有阴囊脓皮病、犬瘟热的狗狗，经常舔舐睾丸部位，也会导致细菌感染，产生炎症。

治疗方法

1. 抗生素疗法：原发性的、急性的睾丸炎和附睾炎的初期，可对公狗全身给予抗生素治疗。如每日肌内注射青霉素钠 2 次，连用 3 日，或注射阿奇霉素等。同时，补充充足的维生素，疗效更好。

2. 冷敷与热敷：炎症严重时，可用复方醋酸铅冷敷，抑制炎症加剧，同时帮狗狗止痛。炎症缓解后，改用温敷，局部涂擦鱼石脂软膏，或用稀释后的硫酸镁溶液热敷，都有利于改善血液循环，治疗炎症。

3. 手术切除：因布鲁氏杆菌等引起的炎症，使睾丸严重受损，出现脓肿、坏死时，应及时手术，切开排出脓液，摘除睾丸和附睾。如果是单侧的慢性睾丸炎，可考虑切除患侧，保留另一侧健康的睾丸，避免感染。

治疗期间，需给公狗佩戴项圈，防止其舔舐。

🐾 尿道炎

狗狗的尿道口接近肛门，容易受到肛门处细菌的感染，患上尿道炎。尿道炎可并发肾脓肿、肾衰竭等疾病，绝对不能轻视。

临床症状

1. 狗狗的尿道口红肿，有黏稠性分泌物。

2. 排尿时，狗狗有明显的疼痛感，尿道口不断张开。

3. 尿液断断续续地流出，有时呈滴状流出，且尿量少。

4. 尿液浑浊发黄，臭味明显，严重时混有脓液、血凝块、脱落的尿道黏膜。

5. 触摸狗狗的膀胱时，它会感到疼痛，十分抗拒。

病因

1. 生活环境过于潮湿，或狗狗身上的毛发一直不干，容易感染细菌性尿道炎。

2. 狗狗摔伤后，尿道黏膜受到损伤，可能引发尿道炎。

3. 有食用辛辣、刺激食物，长时间憋尿习惯的狗狗，患尿道炎的概率更高。

4. 邻近器官有炎症的狗狗，如膀胱炎、子宫内膜炎等，炎症可能会蔓延至尿道。

治疗方法

1. 抗菌消炎：给狗狗注射或服用头孢、罗红霉素等抗生素，控制感染。

2. 冲洗狗狗的尿道：医生会用抑菌消炎的药水，配合消炎药膏，为狗狗冲洗尿道。

3. 利尿：可以给狗狗服用利尿的药物，如尿甚舒通、态趣沙星片等。

预防复发

1. 尽量选择优质的狗粮，或是泌尿系统处方粮作为狗狗的主食，保证尿液呈酸性。

2. 每天保证狗狗摄入足够的饮水量，但不宜过多。

3. 教会狗狗定期排尿，可以定期用生理盐水、清洁湿巾擦拭狗狗的尿道口。

🐾 泌尿系统结石

狗狗泌尿系统结石是一种严重的泌尿系统疾病，根据其分布位置，可分为肾结石、输尿管结石、膀胱结石、尿道结石。其中膀胱结石和尿道结石最为常见。

母狗易得膀胱结石，公狗因为尿道又长又细，所以常是膀胱结石和尿道结石并发。

临床症状

因狗狗的性别和结石的形状、大小不同，主要特征如下。

公狗

早期，狗狗会有尿频，但尿量少、淋漓。随着病情加重，膀胱开始膨胀，逐渐不能排出尿液，出现血尿、尿闭等症状。触诊时可在包皮处摸到细沙状的结石。

后期，狗狗可能会尿中毒，有呕吐、多饮的症状，最终因膀胱压力过大破裂而死。

母狗

狗狗若患膀胱结石，初期表现为尿频、尿液浑浊，严重时为血尿。有时，狗狗排尿会有痛感，甚至能排出小颗粒状的晶状结石。

膀胱结石较大、数量较多时，触诊狗狗的腹腔上部、髋关节前方，可摸到硬实充盈的膀胱，内有异物轻微活动。

病因

1. 环境：日照时间长、气温高的地方，狗狗的体液蒸发速度快。若饮水不足，狗狗的尿液浓度就会变高，尿液中的结晶体易沉淀形成结石。而且，部分地区的气候、水质等因素可能会增加狗狗尿结石的患病率。

2. 饮食：狗狗长期摄入高动物蛋白、矿物质过多的食物，如牛肉、猪肝等，会提高狗狗血清和尿液中的磷水平，易形成尿结石。另外，狗狗平时饮水量过少，长期缺乏维生素 A，会大大增加尿结石的风险。

3. 泌尿系统受到感染：狗狗的尿道上皮细胞脱落，可以形成尿结石的核心。随着尿液中的盐类晶体不断析出，附着在核心上，就会形成尿结石。

4. 性别差异：从临床发病率来看，公狗比母狗的患病率更高。这是因为公狗的尿路相对较长，且弯曲、细窄。微小的结石更容易停留在尿道中，形成膀胱结石和尿道结石。

5. 遗传因素：雪瑞纳、法斗等犬种，更容易得尿道结石。

泌尿系统结石的危害

结石如果没有得到及时的治疗，会随着时间而变大，造成持续刺激，引发尿道炎或膀胱炎，或使尿道阻塞，造成排尿障碍。严重时会引发狗狗的肾衰竭、尿毒症，最终死亡。

治疗方法

1. 药物治疗：正常情况下，一只成年犬每天的饮水量应按照每千克体重 100 毫升来计算。气温较高时，有结石的狗狗需要摄入更多的水分以稀释尿液。建议选择纯净水或凉白开。

此外，治疗早期的泌尿系统结石，即尿路还未阻塞时，可服用排石利尿的药，如尿石通，或含有小蓟、茯苓、蔓越莓等排毒利尿成分的中药。

高温天时，减少狗狗的外出次数，尽量让它待在阴凉的地方，减少身体水分的流失。

2. 手术治疗：治疗严重的泌尿系统结石，可选择激光碎石、放射化疗、切除等手术方式。但手术需要麻醉，存在一定风险。且术后防护不到位，很有可能会复发。

术后 8 小时内，狗狗需禁食。术后 1 周内，狗狗需每天进行全身消炎，尤其需要注意冲洗膀胱和尿道。

🐾 肝硬化

狗狗肝硬化是肝脏变形、变硬，逐渐失去正常生理功能的一个过程，也是许多不可逆慢性肝病的最后阶段，常见于老年犬。

狗狗肝硬化的影响可大可小。一般，只要有20%以上的正常肝脏组织，狗狗就能生存下去。但如果肝脏的正常组织少于20%，狗狗的死亡率就很高了。所以，一旦发现狗狗的肝功能下降，出现腹水，就要及时进行保肝药物治疗和输液治疗。

临床症状

通常，狗狗肝硬化的病变过程较慢，初期不会出现明显的症状。当狗狗完全失去肝脏的代谢功能，或突发急性肝炎引起肝硬化时，症状会十分明显。

1. 多饮多尿：狗狗饮水量增加，尿频，尿比重通常偏低。影像学检查显示，狗狗的肝脏体积缩小，轮廓呈不规则状。

2. 黄疸：肝硬化严重时，狗狗会并发黄疸，可能还会引起肝性脑病。

3. 当狗狗的肝硬化病情加重后，会并发肝腹水。肝腹水的出现，代表着肝硬化已经进入了中晚期，肝脏的合成、解毒等功能都严重受损。肝腹水逐渐增多，狗狗的腹腔压力越来越大，容易引发消化道血管破裂和大出血，从而导致肝性脑病和肝肾综合征。救治不及时，狗狗可能会死亡。

病因

1. 营养不良：狗狗长期缺乏蛋白质、胆碱或甲硫氨酸等营养时，肝脏中的脂肪代谢紊乱，促使肝细胞变性、坏死，最终导致肝硬化。

2. 慢性中毒：狗狗长期接触并吸入铜、磷、砷、汞、四氯化碳、黄曲霉毒素等，会导致肝脏慢性中毒，引起肝硬化。

3. 继发性病变：胆道阻塞、胆管炎等疾病使胆汁长期滞留在狗狗的肝脏内，或是心脏部位的疾病使瘀血血凝聚在肝脏内，都可能转变为肝硬化。

治疗方法

1.用药治疗：病症较轻的肝硬化，可以给狗狗内服葡醛内酯。肝性脑病的狗狗，可使用谷氨酸钠、阿莫西林粉等药物，同时口服乳果糖口服液来酸化肠道 pH。有肝腹水的狗狗，可给利尿药安体舒通，或是进行放水、补液及消炎治疗。

2.饮食疗法：日常饮食中，给狗狗补充高蛋白、含有丰富维生素的食物，禁止饲喂高脂肪食物。另外，还需给狗狗适量补充氨基酸、糖分及维生素等营养物质，改善肝脏功能。

3.护肝保健法：日常调理狗狗的肝脏时，可喂服胆汁酸护肝片、牵贝肝康牛肉锭等保肝利肝辅助营养药，促进肝脏细胞的修复。

☙ 肝腹水

狗狗的肝腹水也叫腹腔积液，是指腹腔内积聚了非生理性的液体，属于慢性继发性疾病。幼年的狗狗和老年的狗狗比较容易出现这种症状。即使狗狗患上肝腹水，主人也不要认为是绝症而放弃治疗，只要及时治疗还是有康复的可能。

临床症状

1.狗狗肝腹水主要体现在腹部两侧对称性地膨胀、下垂，腰部和背部塌陷，用手触碰狗狗的腹部会有波动感，狗狗会感觉疼痛。

2. 因为腹腔积液导致腹腔压力增大，压迫了横膈膜和肺脏，狗狗会有呼吸困难、呼吸加重、缺氧等症状。

3. 狗狗会有全身皮肤黏膜的黄疸，其中耳朵、眼结膜和腹部皮肤的黄疸比较明显。

4. 狗狗会因为食欲减退、精神不振导致身体消瘦，不爱活动，还会有体温升高、毛发粗乱的现象。

病因

肝腹水往往是由某些疾病引起的一种症状，而并不是单独的疾病。比较常见的病因有肝硬化、心肺问题、低蛋白血症、胆囊炎、胰腺炎、肝脏部位的肿瘤等。

肝硬化是引起狗狗肝腹水的常见原因。

心肺问题引起的肝腹水会造成狗狗心力衰竭，全身静脉血管内压升高，血液中的水分会渗入腹腔和全身的组织内。常见的疾病有心脏瓣膜疾病（比如三尖瓣闭锁不全）、心丝虫病、慢性肺气肿、间质性肺炎等。

狗狗自身患有慢性病贫血、营养不良、严重的寄生虫病等，会降低血液中的蛋白质含量，而肾炎等肾脏疾病也会使血液中的蛋白质大量地排出体外，两者都会造成稀血症，出现全身浮肿和腹腔积液等症状。

治疗方法

1. 狗狗有肝腹水的症状时，要及时前往医院进行相关检查，确定具体的致病原因再进行对应的治疗。

2. 如果是因为肝硬化引起的肝腹水，通常会给狗狗服用保肝和利尿作用的中药，不会损伤狗狗的肝脏，对身体没有副作用，方便长期调理。

3. 如果狗狗的肝腹水量很多，可以采用腹部穿刺的方法放出肝腹水，但一次放出的量不能过多。因为肝腹水中含有大量的蛋白质，放出太多的话会导致狗狗虚脱，引起腹膜炎和血容量减少等并发症。

4. 如果是肿瘤造成的肝腹水，可以通过手术切除的方法进行治疗。

护理事项

1. 喂食高蛋白、易消化的食物，并且减少狗狗的饮水量来缓解症状。

2. 不要让狗狗吃含盐量过高的食物，以免升高血压，加重病情。

🐾 肾衰竭

狗狗的肾脏具有排除身体代谢产物、有毒物质和维持体内水分平衡的作用。如果狗狗的肾脏代谢功能发生障碍，就会出现肾衰竭的症状。

类型

1. 急性肾衰竭：狗狗的急性肾衰竭通常由感染或中毒导致。狗狗的肾脏功能会突然衰竭，在几小时或几天内狗狗的病情就会恶化，如果不及时给予治疗，会有生命危险。但救治及时，痊愈的概率还是很高的。

2.慢性肾衰竭：慢性肾衰竭大多发生在老年狗狗身上。狗狗的肾脏功能逐渐丧失，时间周期可能是数周、数月或数年。由于开始时症状并不明显，发现时狗狗的肾脏大多受损严重，此时已经无法根治。

临床症状

狗狗在肾衰竭早期的症状表现有：饮水增多、排尿量增多、腹泻、呕吐、脱水、食欲下降、体重下降、精神不振、不爱活动等。

肾衰竭晚期时，狗狗的尿量减少，甚至是无尿、尿血，贫血，血压升高，呼吸困难，心脏和视力出现问题，严重时会出现癫痫而陷入昏迷。

病因

1.狗狗的年龄不断增长，肾脏功能会随着时间的推移逐渐减弱，从而出现肾脏衰竭。

2.狗狗误食会引起中毒的食物和药品，也会引起肾脏衰竭。

3.狗狗自身患有疾病，比如感冒和咳嗽会损伤肾脏功能，心脏病也会影响血液流向肾脏，有可能导致肾脏衰竭。

4.母犬在孕期接触了有毒物质，或者近亲繁殖生下的幼犬，会因为遗传因素出现肾衰竭。

治疗方法

1.如果狗狗的肾衰竭是由细菌、寄生虫或中毒引起的，医生会根据病因开具药物进行治疗。

2.急性肾衰竭最常见的治疗方法之一是输液治疗，一般需要持续数天，可以降低狗狗的血压，帮助狗狗排尿，调节体内的酸碱平衡来促进肾功能恢复。

3.狗狗的慢性肾衰竭，只能依靠药物和控制饮食（避免高盐、高糖、高脂肪的食物）来缓解病情的发展，帮助狗狗正常生活，延长寿命。

🐾 腹膜炎

腹膜是附在狗狗盆腔内面和腹盆腔器官表面的一层薄而光滑的浆膜，腹膜炎就是这层浆膜受到各种刺激而发生的炎症。

临床症状

1.急性腹膜炎：狗狗会因为疼痛而弓腰提腹；胸式呼吸；体温骤然升高；有时会呕吐、虚脱。

触诊腹部时，狗狗的腹壁紧绷，叩诊时有拍水音。腹腔穿刺时，液体混浊、黏稠，有时会带血液、脓汁。

2.慢性腹膜炎：狗狗无明显腹痛，可见腹围增大，主要表现为消化不良、拒食、腹泻或便秘。

病因

临床上，腹膜炎分为急性腹膜炎和慢性腹膜炎，其病因如下。

1.急性腹膜炎：以下因素都可能导致急性腹膜炎。

（1）狗狗出现食道阻塞、肠套叠、肠梗阻等疾病时，消化道的液体可能渗漏进腹腔，感染腹膜。

（2）导尿管插入失误，或膀胱破裂时，狗狗的腹膜受到尿液刺激、污染，出现炎症。

（3）狗狗的生殖系统有问题，如母狗的子宫蓄脓、子宫扭转等，也会诱发急性腹膜炎。

（4）腹腔手术后，狗狗的腹膜被消毒液刺激，感染后发生腹膜炎。

2. 慢性腹膜炎：急性腹膜炎持续发展，可转化为慢性腹膜炎。另外，狗狗腹腔内的其他脏器发生炎症，扩散至腹膜导致慢性腹膜炎。

治疗方法

1. 防止感染扩散：狗狗患有腹膜炎时，主人要对食物、用品等进行深层清洁，控制住感染。

早期可选用广谱抗生素和磺胺类药物进行保守治疗，一般需要2周。青霉素、链霉素、头孢菌素、恩诺沙星等抗生素，可与地塞米松、泼尼松龙合用，预防炎症扩散。

2. 腹腔封闭疗法：可穿刺放液，也可进行腹腔冲洗，防止脓性液体继续渗出。

🐾 扩张型心肌病

扩张型心肌病是狗狗常见的心脏病之一。

狗狗的心脏分为四个腔室：左心房、右心房、左心室和右心室。将它们分隔开来的就是心肌，类似于房间的墙壁。患扩张型心肌病的狗狗心肌变薄，心腔更大，如同过度膨胀的气球。时间长了，心肌的弹性变小，收缩功能越来越弱，就会导致心脏搏动变弱。

临床症状

患有扩张型心肌病的狗狗通常比较虚弱，咳嗽，呼吸急促和呼吸困难，会有经常昏睡或突然昏倒的现象，腹部肿胀，舌头颜色发紫，流口水，心动过速，因为厌食而体重减轻。

扩张型心肌病还会导致狗狗出现充血性心力衰竭、心律失常，甚至猝死。

病因

扩张型心肌病的发生一般和遗传、疾病、营养缺乏和药物有关。

1. 遗传因素：这是造成狗狗患有扩张型心肌病的主要原因。这种疾病的高发品种有以下几种。

中型犬：可卡犬、葡萄牙水猎犬、英国斗牛犬等。

大型犬：杜宾犬、大丹犬、爱尔兰猎狼犬、纽芬兰犬、苏格兰猎鹿犬、圣伯纳犬、拳师犬、英国雪达犬、大麦町犬、阿富汗猎犬等。

2. 疾病：狗狗感染犬细小病毒后患上心肌炎型犬细小病毒病，会导致扩张型心肌病。另外，狗狗患有持续性室性心动过速时，也会导致心肌衰竭和心室扩张。

3. 营养缺乏：狗狗的体内缺乏牛磺酸时容易出现扩张型心肌病，特别是金毛犬、拉布拉多犬、纽芬兰犬、圣伯纳犬、英国雪达犬等品种更容易出现这种情况。大丹犬和拳师犬等体内缺乏肉碱时也容易引发扩张型心肌病。

4. 药物：狗狗患有淋巴瘤，接受蒽环类化疗药物（如阿霉素）治疗时，也会继发扩张型心肌病。

治疗方法

狗狗的扩张型心肌病属于心脏结构的改变，无法治愈，只能针对不同阶段和情况进行控制和干预。

1. 常用的治疗药物有血管紧张素转换酶抑制剂和 β 受体阻滞剂，前者可以降血压、降低心脏负荷、增加肾脏血流量，后者适用于心率过快、心律失常、心力衰竭，可以减少心肌损伤，延缓病情的发展。

2. 狗狗出现充血性心力衰竭时，可以使用匹莫苯丹来增强心肌的收缩能力，还可以使用利尿剂治疗由心脏问题引起的水肿。

护理事项

对患扩张型心肌病的狗狗来说，除了药物治疗、手术治疗，饮食也是非常需要注意的。

1. 狗狗体内缺乏牛磺酸和肉碱时需要补充新鲜的肉类，比如家禽、鱼、动物的大脑、心脏和肝脏等。

2. 给狗狗喂食的狗粮中要包含牛磺酸、DL- 蛋氨酸、L- 赖氨酸、L- 肉碱等营养元素，有助于狗狗的心脏健康。

哪些狗狗容易患扩张型心肌病

扩张型心肌病的发病年龄通常在 3 ~ 10 岁。相比小型犬，中型犬和大型犬更多，公犬的发病率也高于母犬。

🐾 肥厚型心肌病

狗狗肥厚型心肌病是指左心室或双心室的心肌壁增厚，心脏的内室容积变小，负荷就会逐渐增加，心脏会慢慢地扩张演变为心脏肥大。肥厚型心肌病的心肌厚度和扩张型心肌病刚好相反，主要表现为左心室舒张障碍、充盈不足或血液的流出通道受阻。

临床症状

狗狗患有肥厚型心肌病会表现为不爱活动、张嘴呼吸，容易疲惫、食欲缺乏、心律失常。

病情急性发作时，狗狗会呼吸困难，咳嗽，鼻腔出现液体或水疱，不能躺下或趴着入睡，只能站着或溜达。肺部有水肿或瘀血，胸部有积水，会突然昏厥，甚至死亡。

病因

狗狗患肥厚型心肌病的原因有很多，常见原因如下。

1. 遗传因素：这是狗狗患肥厚型心肌病的主要原因。易发品种有拉布拉多犬、金毛犬等工作犬和京巴犬等小型犬。

2. 肥胖：肥胖的狗狗也容易患肥厚型心肌病。

治疗方法

治疗肥厚型心肌病，要由医生根据狗狗的具体情况进行针对性的药物治疗。如出现水肿，使用利尿药；有呼吸困难时，要按时吸氧。

护理事项

1. 当狗狗过于肥胖时，要通过适当运动来控制体重，但不要进行过于激烈的运动。

2. 喂食低脂肪的狗粮，有助于狗狗减重。

🐾 心肌炎

心肌炎是狗狗的一种常见的心脏疾病，但是单独发生心肌炎的情况比较少见，大多是继发于传染病、寄生虫、中毒等其他疾病。病情严重时，死亡率很高。

临床症状

心肌炎分为急性心肌炎和慢性心肌炎，症状如下。

1.急性心肌炎：患有急性心肌炎的狗狗最初多表现为心肌兴奋性增强，心悸过多，心音增强，脉搏迅速而饱满。狗狗稍微运动后就会心跳加速，即使停止运动，仍然会持续较长时间。

狗狗的心肌营养不良时，会出现心力衰竭的现象。狗狗会有黏膜发紫、呼吸困难、体表静脉扩张、四肢和胸腹部水肿。

2.慢性心肌炎：慢性心肌炎的狗狗会有虚弱、呼吸困难的症状，心跳过速、无力、心律不齐，多有收缩期杂音的情况。

如果心肌炎严重，狗狗会厌食、精神变差、昏迷，最后会因为心力衰竭而猝死。

病因

1.狗狗感染病毒或其他病原体时，通常会在急性期引发心肌炎，比如犬瘟热病毒、犬细小病毒、钩端螺旋体、传染性肝炎、流感等。

2.风湿病、贫血、脓毒血症、败血症、过敏等都可能引起心肌炎。

3.重金属、有机磷、一氧化碳、酚类、麻醉药物等会导致狗狗出现中毒反应，损害心肌，导致心肌炎。

4. 弓形虫、心丝虫等寄生虫也会导致狗狗出现心肌炎症状。

治疗方法

1. 肌内或静脉注射药物，可以促进狗狗的心肌代谢，治疗心肌炎。

2. 狗狗呼吸困难时，可以进行吸氧治疗。

3. 狗狗的尿量少，有明显水肿时，可以使用利尿剂。

护理事项

患有心肌炎的狗狗不要进行运动和训练，注意休息，避免过度兴奋，并控制好饮水量。

🐾 慢性瓣膜性心脏病

狗狗的慢性瓣膜性心脏病也叫作犬黏液瘤样二尖瓣疾病、犬二尖瓣退行性病变，属于最常见的后天性心脏病之一，是导致狗狗心源性死亡的常见原因。

二尖瓣是在左心房和左心室间起到分离作用的组织，正常情况下血液会从左心房流向左心室，但是当二尖瓣发生问题时，就不能完全关闭，导致流入左心室的部分血液反流回左心房，从而引起充血性心力衰竭。

临床症状

狗狗的心脏瓣膜出现病变后，可能在数月到数年的时间内没有明显症状，当病情进一步发展后，狗狗会在清晨、夜间和运动时出现咳嗽的症状，还会呼吸急促，虚弱，嗜睡，不爱运动，运动后体力恢复需要很长时间。

严重时，患病的狗狗会有呼吸困难的现象，还会有舌头发紫、昏厥的情况。

病因

1. 慢性瓣膜性心脏病在小型犬身上比较常见，比如吉娃娃犬、博美犬、迷你贵宾犬、约克夏犬、雪纳瑞犬、比熊犬、马尔济斯犬、查理士王小猎犬等品种。

2. 此病的发病年龄一般在 5 岁至 16 岁，发病概率会随着年龄的增长而升高，13 岁以上的狗狗患病率最高。

3. 狗狗患有扩张型心肌病、肥厚型心肌病、心内膜炎、主动脉导管关闭不全、主动脉狭窄等疾病也会造成二尖瓣疾病。

4. 公犬的发病率高于母犬。

治疗方法

狗狗的慢性瓣膜性心脏病没有特效药，只能通过药物控制疾病的进展。

1. 狗狗有肺水肿症状时，可以使用利尿剂进行治疗。

2. 使用血管紧张素转换酶抑制剂，可以扩张血管，降低狗狗心脏的负荷。

3. 当狗狗的心脏扩张严重时，可以使用正性肌力药来改善心衰。

护理事项

1. 不要给患病的狗狗喂食含盐量高的食物和零食。

2. 体重增加会加重心脏的负担，所以要控制狗狗的体重。

3. 不要让患病的狗狗长时间剧烈运动，可以短时间散步。

4.不要让狗狗受到惊吓，患病的狗狗情绪激动时可能会致命。

🐾 心律失常

狗狗的心律失常是指心脏跳动的频率和节奏等的异常情况。狗狗心律失常会出现心房纤颤、窦性心动过速和心脏传导阻滞等情况。

幼犬及小型犬的正常心率为 110～180 次/分钟，中型犬及大型犬的正常心率为 90～160 次/分钟。

狗狗心律失常时，可以低至 50 次/分钟，高至 360 次/分钟。

临床症状

症状轻微时，狗狗在运动后容易疲劳，呼吸和心跳次数恢复得比较慢，心音和脉搏有异常。

症状严重时，狗狗会虚弱无力、嗜睡、反应迟钝、呼吸急促，会有严重的心律不齐，甚至会导致死亡。

病因

1.心脏本身的因素：狗狗的心脏具有先天性的异常、心肌病和肿瘤等，或者狗狗心脏本身的疾病、创伤、感染。

2.心脏以外的因素：常见的原因包括甲状腺功能亢进、药物中毒、酸中毒、应激状态、兴奋、低血钾、低血氧、高血钙、高热或低体温、电解质代谢紊乱、自主神经紊乱等。

治疗方法

1.先针对引起心律失常的原发病进行治疗。

2.狗狗有心房纤颤的症状，可以采用电击除颤的方式进行治疗。

3.在左心室内注射肾上腺素和去甲肾上腺素。

4.使用氯化钙、B 族维生素和维生素 E。

🐾 犬心丝虫病

犬心丝虫病是通过蚊虫叮咬传播的血液寄生虫病。犬心丝虫主要寄生在狗狗的肺动脉和右心室，会造成狗狗的心脏、呼吸系统和泌尿系统出现循环障碍，严重时可能导致死亡。

当狗狗被携带心丝虫病的蚊子叮咬后，幼虫会经过几个月的时间，成长为成虫，再依靠血液微循环进入肺部和心脏，最终引发肺动脉病变和心脏病变。

人不会从狗身上感染心丝虫。只有在极少数的情况下，人被感染的蚊子叮咬后可能会被感染，但人不是心丝虫的宿主。心丝虫的幼虫无法在人体内生长发育，所以对人危害不大。

临床症状

狗狗患上心丝虫病的症状，常常会分为以下 4 个阶段。

第一阶段，狗狗并没有明显的症状，或者只是轻微咳嗽。如果这个时候进行检测，结果可能会显示为阴性。

第二阶段，一般在 6 个月后，狗狗运动后会持续咳嗽、呼吸急促，并且容易感到疲倦，活动量下降。

第三阶段，狗狗的健康受到严重损害，除了继续咳嗽和疲倦，狗狗可能会拒绝活动，体重下降，肌肉萎缩，呼吸困难，还会有体温升高、腹围增大、心悸亢进、心内杂音、贫血、黄疸、尿血等现象。

第四阶段，如果得不到治疗，狗狗会因心力衰竭死亡。

传播途径

心丝虫不能在狗和狗、狗和猫、猫和猫之间传播，必须通过蚊虫这个媒介来完成。

目前发现大约有22种蚊子能够携带野外的心丝虫，包括中华按蚊、白纹伊蚊等，其中最多的是库蚊，也就是我们常见的家蚊。

蚊子叮咬感染心丝虫的狗，获得心丝虫的卵。在适合的温度条件下（一般是27℃以上），卵会在蚊子体内发育为具有感染力的幼虫，这个过程需要2～4周。

然后，当蚊子叮咬健康的狗狗时，心丝虫幼虫就会进入狗狗体内。狗狗是心丝虫的最终宿主，也就是说心丝虫会在狗狗体内发育为成虫，并交配。交配后会产生心丝虫卵，分布在狗狗的血液里。然后，再被蚊子叮咬，如此循环。

检测方法

判断狗狗是否感染了犬心丝虫，主要依靠宠物医院的血液涂片、X射线检查、超声检查和犬心丝虫成虫抗原检测试剂盒进行检测。

1.血液涂片：通过镜检观察血液涂片，可以检出犬心丝虫的早期幼虫。

2.X 射线检查：如果有右心室肥大、肺动脉干膨大、肺叶动脉扭曲的现象，特别是肺叶动脉增粗，狗狗极有可能感染了心丝虫。

3.超声检查：狗狗体内的心丝虫较多时，可以通过超声在肺动脉、右心室或腔静脉发现虫体。

4.心丝虫成虫抗原检测试剂盒：由于抗原检测试剂盒检测的是雌性成虫的抗原，幼虫发育为成虫需要 6 个月的时间，所以狗狗至少要 6 月龄时才能使用该抗原检测试剂盒检测犬心丝虫。

治疗方法

1.除了针对具体症状进行治疗，还可以使用驱杀心丝虫成虫的药物，比如属于有机砷化合物的美拉索明和硫乙胂胺。

2.感染情况严重时要慎重使用驱虫药物，因为寄生在心脏内的心丝虫死亡后会堵塞肺动脉，引起血栓栓塞。

3.患病的狗狗在用药 1 个月内，要避免兴奋，不能剧烈运动。

4.患病的狗狗治疗后的 6 个月，需要进行复查，检测虫体是否被彻底清除。

预防方法

狗狗患犬心丝虫病后，即使康复，身体的损伤仍然不可逆转，所以做好预防比治疗更重要。这种疾病主要发生在蚊虫流行的季节，所以在每年的 5 月到 10 月，要注意采取预防措施。

1.流浪狗和散养狗更容易感染心丝虫，室内狗尽量减少与它们接触。

2.消灭狗狗生活环境中的蚊虫。不要让狗狗在潮湿闷热的户外环境中玩耍，以免狗狗被蚊虫叮咬。

3.定期给狗狗做身体检查。

🐾 高血脂

狗狗体内的脂肪代谢或运转异常，会导致血液中的脂肪含量过多，出现高血脂。

临床症状

患有高血脂的狗狗不爱活动，食欲减退，身体虚弱，精神不振。检测时可以发现血浆浑浊，呈现乳白色或黄色。血液中的甘油三酯含量明显升高。

病因

1.原发性高血脂：遗传因素是造成狗狗出现高血脂的原因之一。狗狗因为各种原因引起的进食减少、营养不良，或者营养代谢异常等都有可能引起高血脂。另外，狗狗肥胖，或者摄取含有高脂肪的食物也会导致高血脂。

2.继发性高血脂：狗狗患有甲状腺功能减退、肾上腺皮质功能亢进、胰腺炎、糖尿病、肝胆疾病、肾脏疾病等内分泌和代谢性疾病，会因为脂肪代谢、合成的异常，伴发高血脂的症状。

治疗方式

1.如果狗狗的高血脂属于继发病，应首先治疗原发疾病。

2.日常饮食需要喂食低脂肪、高纤维的食物，限制胆固醇和糖类的摄入。

第三章

最磨人的狗狗皮肤病

🐾 趾间炎

趾间炎，别名趾间脓皮症、足皮肤炎，是发生在狗狗脚趾间的皮肤炎，趾间的脓疱可扩散到脚掌的其他部位。

临床症状

1.狗狗的趾间会长出一颗小小的红痘，逐渐变大，产生脓肿、渗血，甚至引起败血症。

2.病变后，狗狗的脚掌变得红肿，出现溃疡。

3.瘙痒难耐时，狗狗会经常啃咬爪子。

4.长时间不治疗，会加剧细菌感染和慢性纤维化，导致反复发作。

5.病情不断加重后，狗狗的脚掌掉毛露肉，出现肉洞，走路时不敢着地。

治疗方法

患有趾间炎的狗狗，经常因脚底不适而舔咬，病况容易快速恶化，主人要及时给狗狗戴上伊丽莎白圈，并给予适当的干预治疗。

1. 外敷药物：如果狗狗的趾间炎有未破溃的脓包、血包，可以用针管抽吸的方式，用生理盐水冲洗创道，并向内注射消炎药。然后，在狗狗的患处涂抹红霉素软膏类的抗生素皮肤药。

若狗狗的趾间炎特别严重，还可以每天用抗菌香波洗脚，再用聚维酮碘液体浸泡半小时。

2. 内服药物：趾间炎已经严重破溃的狗狗，需要及时去医院治疗，注射或内服抗生素、消炎药。

对肠胃脆弱的狗狗来说，长期内服药物会增加肝肾功能的负担，建议先服用 3 ~ 5 天，观察疗效。

预防方法

1. 保持狗狗脚部皮毛干燥，每次冲洗完脚后，需要吹干。

2. 定期给狗狗修剪脚趾甲和脚底毛。

3. 不要长期把狗狗关在狭窄的笼子里，以免卡住、受伤。

4. 发现狗狗脚底受伤后，及时消毒杀菌、包扎。

5. 发现狗狗的趾甲根部有潮红色的附着物，要及时清除，并进行消毒。

6. 当狗狗皮肤有问题时，可喂食深海鱼油、海带粉、宠物卵磷脂等滋养皮肤，提高狗狗的皮肤免疫力。

哪些狗狗容易患趾间炎

1. 脚底长期潮湿的狗狗：喜欢用脚玩水、接触湿物的狗狗，脚掌的毛发一直是湿漉漉的，容易感染各种霉菌，引起趾间炎。

2. 足部卫生不到位的狗狗：狗狗的脚趾甲、脚毛过长时，脚底可能会被趾甲刺伤，趾甲和浓厚的毛发中蓄积着的细菌、真菌入侵、繁殖，就会引发趾间炎。

3.脚底受伤的狗狗：当狗狗的脚掌被石子、玻璃、剃刀等弄伤后，或是长期笼养的狗狗，脚掌被笼子磨破，没有及时消毒、防护，易造成伤口感染、发炎，形成趾间炎。

4.容易过敏和寄生虫较多的狗狗：蜱虫等寄生虫叮咬狗狗的脚底，或是接触了过敏物质，狗狗也可能患上趾间炎。

🐾 过敏性皮炎

过敏性皮炎是狗狗夏季高发的一种皮肤病，一般不具有传染性，但严重时会引起癌变。

类型

当狗狗免疫力下降，接触、吸入、注射了某种变应原时，就很容易患上过敏性皮炎。根据变应原划分，狗狗常见的过敏性皮炎可分为以下几类。

体表寄生虫引发的过敏性皮炎

蜱虫、跳蚤、螨虫等寄生虫，是最容易导致狗狗患上过敏性皮炎的。蜱虫的吸血能力极强，附在狗狗的头部、耳朵和脚趾上吸血，容易引发炎症。跳蚤则经常附在狗狗的腰腹部和四肢内侧，在吸血的同时分泌出毒素，让狗狗脱毛、过敏。

紫外线刺激引起的过敏性皮炎

狗狗的皮肤角质层有 7 ~ 10 层，健康的毛发能抵抗紫外线，保护狗狗脆弱的皮肤。在光照强烈的夏天，剃光了毛发的狗狗受到紫外线的刺激，皮肤会发红、瘙痒。若狗狗不停地抓挠、舔咬，就会引起细菌的继发感染。

食物引起的过敏性皮炎

狗狗长期吃单一的肉食、刺激性食物，会使它们皮肤的角质层提前老化、脱落。狗狗皮脂分泌过于旺盛，皮肤毛孔容易被堵塞。另外，一些狗狗对高蛋白的食物过敏，可能导致过敏性皮炎。

不当的体表接触引起的过敏性皮炎

如果狗狗对某种化学材料、气味、过热的美容剃刀或药品过敏，可能会诱发过敏性皮炎。

临床病症

1. 出现斑点、丘疹、红肿。

2. 有鳞屑、脱毛，毛质变差。

3. 皮肤增厚，色素沉着，形成苔藓样变和皲裂。

4. 可能伴发结膜炎、鼻炎等其他炎症。

治疗方法

由于狗狗过敏性皮炎的种类太多，病症也各不相同，建议去医院确诊后再用药。

1. 找到狗狗的变应原，切断过敏原，让狗狗吃对应的脱敏药。

2. 给狗狗服用马来酸氯苯那敏片，治疗过敏性皮炎。

3. 针对食物过敏引起的皮炎，没有特别的根治方法，建议主人选择处方犬粮中的低过敏粮，或是持续性进食没有特定致敏蛋白的食物。

4. 针对寄生虫引起的过敏性皮炎，需要先进行驱虫，再搭配使用氧化锌软膏等消炎抗感染药和止痒的抗组胺类药，以止痒消炎。

预防方法

1.控制室内湿度：尽量保持狗狗生活环境的干燥，避免长期待在潮湿的厨房、卫生间和角落等。

2.减少过敏性食物：夏季时，尽量不要给狗狗吃海鲜、龙虾等高蛋白、易过敏的食物。

3.梅雨季，减少外出：狗狗的过敏性皮炎与尘螨、霉菌和花粉等有关。每年 5 — 7 月的梅雨季，气候湿热，最容易患上皮炎。因此，阴雨天主人要适当减少狗狗的外出次数和时间。

🐾 酵母菌感染

酵母菌感染是狗狗多发的一种皮肤病，治疗较为困难，疗程较长，严重时会并发其他难治的疾病。

易感染酵母菌的犬种有：贵宾犬、腊肠犬、西施犬、美国可卡犬、西高地白梗、巴吉度猎犬、澳大利亚丝毛梗。

临床症状

1.感染早期，狗狗身上的多处皮肤会发红肿胀，局部发热，尤其是皮肤的褶皱处。

2.患处瘙痒感强，狗狗常有舔、咬的动作，喜欢在硬物上摩擦。

3.可能有鳞状皮炎的症状，油腻的皮肤结痂、脱屑或者皮屑。

4.感染时间长了，皮肤的角质层会加厚，变得粗糙，颜色发灰、变黑。

5. 耳道是酵母菌感染的常见部位。狗狗的耳郭发红，有棕色分泌物，闻起来有甜味或霉味。因为瘙痒，狗狗会经常摇头晃脑。

6. 爪子是酵母菌感染的另一个常见部位。狗狗的甲床上有时可见棕色分泌物。

7. 口腔酵母菌感染比较少见，患病的狗狗口腔不适，流口水异常多，进食困难。

酵母菌感染的危害

酵母菌属于真菌，通常不会引发疾病。但当狗狗过敏，皮肤的防御机制被削弱后，以下酵母菌就会发生病变，引起皮肤炎症。

1. 马拉色菌：狗狗的皮肤呈碱性后，马拉色菌就会过度增长，并产生能穿透皮肤的孢子，扩散到狗狗的耳朵、爪子等各部位，吸收足够的养分后，转化为一种毒素，导致角化异常、异位性皮炎。

2. 白念珠菌：白念珠菌也是形成酵母菌感染的一个重要原因，常被发现于狗狗的肠胃中。当狗狗内分泌失调时，白念珠菌会通过血液扩散，并大量繁殖，破坏狗狗的皮肤。

治疗方法

1. 口服用药：狗狗爪子、耳朵等部位有不同程度的大面积感染时，建议让狗狗口服抗真菌处方药物，如氟康唑、特比萘芬、酮康唑和伊曲康唑等。这类药物需要在医生的指导下使用。

2. 消毒脱脂：用含有乙酸、过氧化苯甲酰成分的外用抗菌霜、消毒医用沐浴露或祛脂溶液，清洁狗狗的皮肤和毛发，起到药浴的效果。

给狗狗祛脂后，最好涂抹一层抗菌消炎的药膏，如酮康唑和咪康唑等。

3. 调整饮食：尽量避免给狗狗喂食富含碳水化合物和糖分的食物，因为酵母菌喜欢吸收这类物质。切断酵母菌的营养供应，其活性就会减弱，药效则会增强。

主人可以给狗狗喂食适量的酸奶、益生菌、嗜酸菌和消化酶，以有效抑制酵母菌的繁殖和扩散。

预防方法

1. 用抗真菌洗发水给狗狗洗澡，让泡沫停留在狗狗的皮肤、毛发上 3 分钟，再冲洗干净。

2. 皮肤多褶皱的狗狗，需要定期保养皮肤，对潮湿出汗的地方重点护理。

3. 给狗狗提供含有丰富维生素、矿物质的食物和干净的淡水，限制碳水化合物的摄入。

🐾 毛囊炎

毛囊炎，是指在狗狗的毛囊处滋生的炎症。如果治疗不及时，就会感染更多的毛囊，引发更严重的皮肤病，但不具有传染性。

临床症状

1. 在毛根、毛囊口可见丘疹、红肿块、脓疱或结痂。

2. 患处多在狗狗的四肢、腋下、颈部、腹部。

3. 某些部位的毛根处有许多细细的黑色斑点，可擦拭，但此处皮肤明显发红，擦拭时狗狗会有痛感。

4. 毛囊炎恶化后，表现为脓皮病的症状。

由于狗狗的毛发长度不同，其病症也各有差异，建议由医生来诊断具体病情。

病因

毛囊炎通常是因为狗狗感染了螨虫后，被各种细菌混合感染而诱发的，金黄色葡萄球菌、中间葡萄球菌则是最主要的致病菌。皮肤受损的伤口、蚊虫叮咬等，都可能会使葡萄球菌侵入狗狗的毛囊，过度繁殖，导致感染。

此外，狗狗患有毛囊炎还与环境的湿度、饮食刺激等有关。

治疗方法

1. 局部的轻微毛囊炎：主人可用棉签蘸着稀释过的生理盐水，将黑点擦去，并对周边发炎的皮肤进行消毒。在发炎的皮肤处涂上夫西地酸软膏等，外敷消炎，也可口服消炎药。

2. 大范围的轻微毛囊炎：用医用沐浴露、兽用硫磺皂给狗狗药浴，祛除油脂与毛屑，直到狗狗康复。其间，可配合使用治疗螨虫和细菌感染的药物。

3. 就医治疗：轻微的普通毛囊炎，治疗周期为5天左右。如果用药后，狗狗的病情没有减轻，甚至更加严重，出现大面积的红肿与化脓，建议去医院进行治疗。

狗狗的毛囊炎治愈后，也可能会复发，尤其是深度感染过的、毛发较多的狗狗。因此，要控制脂肪和糖类食物的摄入量，避免导致内分泌失调，毛囊炎反复发作。

🐾 脂溢性皮炎

脂溢性皮炎也称皮脂溢，是皮肤角化异常导致皮脂腺分泌异常，使狗狗的皮肤与毛发之间形成大量皮屑的一种皮肤病，有原发性和继发性之分。

原发性脂溢性皮炎是一种极为罕见的遗传性皮肤病，常见于德国牧羊犬、美国可卡犬、腊肠犬、西部高地白梗、金毛猎犬等犬种。通常，18 ~ 24 月龄的狗狗就会显露出相关的症状，并持续到生命结束。

继发性脂溢性皮炎，继发于其他因素，如蠕形螨等体外寄生虫、体内缺乏营养物质、内分泌紊乱、皮肤过敏、其他系统疾病与皮肤炎症等。5 岁以下的狗狗，过敏是主要诱因。而中年、老年的狗狗，则更多是因为激素紊乱所致。

临床症状

根据症状划分，狗狗的脂溢性皮炎主要有 3 种，症状表现有以下几个方面。

1. 干性脂溢性皮炎：狗狗的皮肤、毛发都比较干燥，毛发中夹杂着灰白色的干鳞屑。狗狗会轻微脱毛，主要是在梳毛时脱落。

2. 油性脂溢性皮炎：狗狗身上皮脂腺发达的皮肤与毛发根部，会分泌出大量的油脂，附着暗黄色的油脂块。耳道感染时，有许多耳垢，有时可闻到腐臭味。

3. 皮炎型脂溢性皮炎：狗狗的患处，如背、耳郭、胸腹、关节等处，可见明显的红斑、鳞屑和脱毛，可形成痂皮。狗狗因瘙痒而啃咬患处，会加快病情的恶化与扩散。

治疗方法

治疗脂溢性皮炎，主要以杀菌抗炎、补充缺乏的营养物质为主。

1.清洁皮肤，防止角质层软化和皮屑增生。用维克脂溢停洗浴、硫磺皂等抗皮脂溢浴液、皮肤缓和剂，给狗狗药浴，每1～2周洗1次。若狗狗的全身症状特别严重，医生会建议使用皮质类固醇药物。

局部炎症严重时，可用硫化硒清洗抗菌，每周1次，连用2～3周。

2.补充维生素和饱和脂肪酸。

主人需要为狗狗准备维生素 A、维生素 D、维生素 B_2 和 B_6 制剂，并在狗粮中添加适量的不饱和脂肪酸丰富的肉类，如鸡肉、牛肉。

让狗狗禁食脂肪含量较高的食物，如动物内脏、罐头肉类等。

🐾 湿疹

湿疹，全称湿性脓疱性皮炎，这种炎症主要是由狗狗的表皮创伤所引起的皮肤瘙痒性细菌感染，分为急性湿疹与慢性湿疹。未经治疗的急性湿疹可以在1天之内范围扩展20倍，必须尽早治疗。

临床症状

1.急性湿疹：狗狗患处皮肤的毛发脱落，周边的毛发粘连，易形成毛疙瘩，点状或块状的患处逐渐显现出红斑性丘疹、红斑、痂皮、水疱、糜烂等皮肤损伤，并伴有发热、疼痛、瘙痒。

狗狗舔咬、摩擦，会加剧湿疹的病变。发展到脓疱期、糜烂期时，狗狗的皮肤局部糜烂，会散发出异常的臭味。

2.慢性湿疹：急性湿疹没有及时治疗，就会变成慢性湿疹。狗狗的背部和四肢的皮肤增厚、色素沉着、苔藓化，毛发变得粗硬、不顺、脱屑、瘙痒加剧。病症反复发作，可持续数年。

病因

1.狗狗体内缺乏某种营养物质，免疫力下降，放任细菌繁殖、感染。

2.接触过敏物质后的狗狗，频繁舔咬，可能会引起湿疹。

3.皮肤、毛发不洁的狗狗，被污垢、水分、细菌刺激，长时间不风干，就会形成湿疹。

4.关节痛、有分离焦虑症或有洁癖的狗狗，喜欢通过舔自己来缓解不适，过量的口水容易导致湿疹。

5.潮湿的环境、体外寄生虫的叮咬，也会让狗狗的湿疹反复发作。

治疗方法

1.修剪狗狗患处的毛发，尽量让皮肤裸露出来，便于治疗。

2.在狗狗的患处涂上醋酸氟轻松、皮炎平软膏、红霉素软膏，同时配合使用庆大霉素、青霉素，防止感染。

3.将含有过氧化苯甲酰的药品敷在狗狗的湿疹区域，如药用硼酸，抗菌保湿。

4. 狗狗的痛感和瘙痒较强时，可以在患处喷洒含有金缕梅成分的药剂，或使用含有局部麻醉剂的止痛喷雾。

5. 治疗期间，主人要给狗狗佩戴项圈，避免它舔舐患处。

舔舐性肉芽肿

舔舐性肉芽肿是一种因自身免疫系统脆弱而多发的皮肤病。狗狗过度舔舐自己的皮肤，舔到掉毛、结痂时，通常伴有细菌和真菌感染，常见于狗狗的前肢。中型犬和大型犬的患病率更高，如德国牧羊犬、拳师犬、拉布拉多犬、杜宾犬、柯利犬等。

狗狗为什么会不停地舔自己

1. 由食物、环境等因素造成的细菌感染、外伤或过敏，狗狗受到这类轻微的刺激，就会频繁舔舐某个部位。

2. 患有关节炎、骨折、肌肉神经病变时，狗狗会舔舐疼痛的骨、关节部位。

3. 有心理问题的狗狗，如缺乏社交互动而感到无聊，如有分离焦虑症，或是压力较大，狗狗就会强迫性地舔自己以发泄情绪。

4. 甲状腺功能减退的狗狗，以黑马犬为典型。

5. 狗狗舔自己时，脑内容易释放内啡肽，令其感到快乐。

临床症状

1. 典型症状：狗狗患有轻微舔舐性肉芽肿时，不痛不痒，严重后出现脱毛、丘疹、结节和溃疡。

2. 不具有传染性：舔舐性肉芽肿是由皮炎芽生菌引起的一种病理形态，可出现在狗狗身体的任何部位，但不具有传染性。

3. 容易反复发作：狗狗的皮肤反复被口水舔湿，会逐渐影响到深层皮肤。在显微镜下，皮肤底层可见小块的细菌、破碎的毛囊和发炎的毛细血管。即使通过手术治愈了肉芽肿，狗狗也可能会反复舔舐伤口的缝合线，或是其他部位，舔出新的肉芽肿。

治疗方法

舔舐性肉芽肿往往难以治疗，需要多次尝试才能找到有效的治疗方法。

1. 药物治疗：局部发炎时，可使用抗生素、消炎药进行治疗。如给狗狗服用兽用泼尼松片，或每天在狗狗的患处涂抹可的松乳膏。

2. 手术治疗：严重时，可通过手术切割、激光治疗等方式，祛除病变组织。

预防方法

一些舔舐性肉芽肿可能在几小时之内就会形成，所以做好预防更重要。

1. 多抚摸狗狗的四肢，治愈损伤，吹干潮湿的毛发。

2. 狗狗经常舔某一部位时，主人可对该部位进行消毒、清洗，用绷带轻轻裹住该区域，防止狗狗反复舔舐。

3. 狗狗无法戒掉舔舐行为时，需带去医院，找出病因。

4. 增加狗狗的运动量。如果狗狗因为无聊、紧张、压力大而经常舔自己，主人可以多带狗狗出去散步、做游戏，分散其注意力。如果无法缓解，可配合使用抗焦虑药物。

🐾 狗皮癣

狗皮癣是由真菌引起的一种常见皮肤病，生活环境脏乱、营养不良、抵抗力差的狗狗容易感染。

引起狗皮癣的真菌可以传染给人，在人体内繁殖，诱发其他疾病。因此，需要单独隔离患病的狗狗，并对居住环境进行消毒，以免传染给其他动物和体质弱的人。

临床症状

1. 皮肤：患处毛发脱落，皮肤发红、瘙痒，有小红点、脱屑。严重时，皮肤会红肿、溃烂、蓄脓，出现丘疹、结痂等。

2. 牙龈：狗狗的牙龈红肿，口臭明显。

治疗方法

狗皮癣是由真菌感染引起的，传染性强。如果不及时处理癣处，就会不断扩散、蔓延至狗狗全身。

1. 清理患处：医生会剪短、剃掉狗狗长癣部位的毛发，用温水或生理盐水清洗干净，可用消毒棉签擦拭癣痂和皮屑，直到露出光滑的癣斑，再用碘伏消毒。

清理好患处，待其皮毛风干后，喷上药剂，如趣汪满，并给狗狗剪掉指甲、戴上项圈。

每天可清洗 2 ~ 3 次，直到患处恢复。

2. 使用药浴：狗皮癣的感染范围增大后，医生会建议给狗狗每周进行一次药浴。

3. 服用抗真菌药物：特比萘芬、伊曲康唑、酮康唑、灰黄霉素、两性霉素 B 等药物，都可以治疗狗皮癣，医生会根据感染真菌的种类，针对性地推荐使用药物。

狗皮癣的恢复时间不一，由感染程度和狗狗的恢复能力而定，短则半个月，长则半年。

家庭护理完患癣的狗狗，主人都要对自己进行消毒，杜绝二次传染。

🐾 脓皮症

脓皮症是一种病因简单的化脓性皮肤病。狗狗有过敏、皮炎、擦伤等皮肤受损的情况时，细菌进入毛囊内，容易引发炎症、蓄脓。

幼犬患有脓皮症时，主要出现在四肢内侧、腹股沟、肚皮这些毛发稀疏的部位。成年犬的患病部位不一，主要出现在口、眼周围及生殖器、尾部的皮肤褶皱处。

临床症状

1. 患处多为圆形，有红斑或黄色的丘疹，后期发黑。

2. 逐渐出现脓疱、溃烂，皮肤结痂。

脓皮症与过敏性红疹的症状有些相似，但红疹没有脓头，而脓皮症则会有明显的脓疱，皮肤溃疡后还会形成干燥的结痂。

治疗方法

1. 外用药：狗狗有局部小范围的脓皮症时，可用抗菌的软膏、喷剂。

2. 口服药：脓皮症的范围较大时，医生会给狗狗口服抗生素药物，如兽用皮易康、乐利鲜和阿莫西林克拉维酸钾等。

3. 针剂注射：如果狗狗不配合吃药，可注射针剂，如康卫宁，2周打1针即可。

4. 药浴：狗狗脓皮症严重时，可以配合药浴来治疗。建议选择含有过氧化苯甲酰或氯己定成分的药剂，给狗狗洗澡，1周1～2次。

脓皮症的治疗周期一般在2～6周，病症减轻后，可继续用药2周以巩固疗效，并一直保持患处干燥。

哪些狗狗容易患脓皮症

1. 皮肤褶皱较多的犬种，毛发打湿后，皮褶内易滋生细菌，感染脓皮症，如法国斗牛犬、德国牧羊犬、沙皮犬、比格犬等。

2. 容易过敏的狗狗、皮肤免疫力较弱的幼犬，受到外界刺激后，皮肤就会出现红疹、脓包，患上脓皮症。

3. 剃光狗狗的毛发、刺激性的洗浴液、寄生虫繁殖、伤口恶化等，都可能损伤狗狗的毛囊，破坏皮肤屏障，让细菌过度生长而引发脓皮症。

🐾 脱毛症

脱毛症，又称稀毛症、秃毛症，是指狗狗在非换毛季出现的局部或全身性毛发脱落。

类型

先天性脱毛

狗狗从出生起，额头、头顶、腹部、屁股等部位就不见毛发，多是遗传性脱毛，常见于长卷毛犬种。一些狗狗在1月龄时，黑毛部位出现非病理性的脱毛，也属于遗传性脱毛。

后天性脱毛

后天性的脱毛多从局部开始掉毛，逐渐扩散至四周，常伴有落屑，掉毛的皮肤块呈红色丘疹状，主要有以下几类。

1.疾病继发性脱毛症：甲状腺功能衰退、垂体激素障碍、睾丸或卵巢功能障碍、寄生虫感染及细胞肿瘤等疾病，可能会诱发狗狗的刺激性脱毛。

2.代谢性脱毛症：狗狗体内缺乏脂肪酸，胸腹、腹股沟等部位色素沉着明显，皮脂增厚，易导致脂溢性皮炎，出现局部脱毛的症状。

3.中毒性脱毛症：狗狗发生汞、铊等中毒时，造成中枢神经、消化道、肾脏损害，会外显为皮炎性脱毛、营养障碍性脱毛等。

4.瘢痕性脱毛：狗狗不慎受到外伤、烧伤或是被X线照射，局部皮肤坏死而脱毛。

5.神经性疾病也可能导致脱毛症。

治疗方法

1.去除患处的皮屑，用医用酒精或软膏刺激毛囊根，补给营养，使其重新生长。

2.甲状腺功能减退导致的脱毛症，可使用甲状腺片剂。

3.寄生虫所致的脱毛症，需要给狗狗使用驱虫药。寄生虫被消灭干净后，脱毛处会自行恢复。

4.治疗代谢性脱毛症，建议主人增加狗狗的营养摄入，补充钙质等微量元素，多晒太阳。

5. 狗狗毛发稀疏时，主人可以喂食卵磷脂，其中含有 B 族维生素，可以激活皮层细胞生长力，利于毛发生长。

🐾 黑热病

黑热病，又称犬内脏利什曼原虫病，是由杜氏利什曼原虫寄生在狗狗体内，引起的寄生虫病。狗狗的皮肤往往会有色素沉着，并伴有发热的症状。

临床症状

黑热病的潜伏期为 2 ~ 3 个月，甚至更长。早期没有明显的症状。晚期时，狗狗会出现以下症状。

1. 狗狗的毛发失去光泽，变得粗糙，逐渐脱落。

2. 皮肤上常出现一层鳞屑，若皮脂继续溢出，则会形成结节、溃疡和血痂。常见于狗狗的耳、目、头、鼻等部位。

3. 病症特别严重时，狗狗会精神沉郁，出现贫血、鼻炎、角膜炎等症状，最终死亡。

4. 大部分狗狗属于隐性感染，可能没有皮肤症状，但会反复发热，需要主人多观察。

病因

雌性白蛉叮咬是杜氏利什曼原虫主要的传播途径。当白蛉叮咬了已经染上黑热病的狗狗并吸血后，杜氏利什曼原虫的无鞭毛体就会进入白蛉的胃里，分裂为具有感染性的前鞭毛体。此时，白蛉去叮咬健康的狗狗，就会使其染病。

白蛉也会叮咬人，黑热病是一种人畜共患的传染病。

治疗方法

1.治疗有皮肤病变的狗狗：医生会在狗狗的小结节处注射阿的平液和青霉素。如果有严重的皮肤病，还会配合药浴和口服药治疗，如口服喷他脒、两性霉素B等。

2.治疗有内脏病变的狗狗：给狗狗注射葡萄糖酸锑钠，若一个疗程后未见好转，可再用一个疗程。用药后，狗狗可能出现呕吐、腹泻等不良反应，一般无须治疗，待病愈后会自行消失。

预防方法

狗窝、犬舍等区域都是白蛉休息、繁殖的地方，需要定期清理消杀。主人带狗狗外出时，一定要限制它接触流浪狗，因为流浪狗身上容易携带黑热病病菌。

🐾 疥螨病

疥螨病是由犬疥螨寄生在狗狗的皮肤上，引发的一种瘙痒性皮肤病，也被称为疥疮、癞皮病。

狗狗感染犬疥螨后，不易根除，易反复发作。

临床症状

狗狗患有疥螨病时，临床症状的轻重与感染程度、年龄大小、营养状况等因素有关。

1.通常，先由狗狗的口、鼻、眼、耳、颈等部位开始，逐渐蔓延到胸腹、肩部、体侧及全身皮肤。

2. 发病初期，狗狗患处发红、瘙痒，常有抓耳挠腮、满地打滚的现象，导致患处皮肤破损，出现丘疹、水疱，化脓破溃后，形成大面积的黄色或灰色痂皮。

3. 发病后期，脱毛的范围越来越大，皮肤紧绷的地方形成龟裂，皮肤松弛的地方形成褶皱，流出有臭味的分泌物。

4. 可视黏膜苍白，有贫血和营养障碍。寒冷季节，狗狗容易因此死亡。

病因

疥螨病多发于春初、秋末和冬季，这些季节光照不足，导致生活环境比较潮湿，适合犬疥螨的繁殖。

疥螨病传染性强、传染速度快，主要通过密切接触、污染物间接接触传染给狗和人。比如抚摸狗狗、触碰狗窝等。人接触病犬后，可能会出现瘙痒性红色丘疹。

犬疥螨这种螨虫会在狗狗皮肤的角质层内分泌致敏物质，使狗狗产生剧烈的瘙痒感。狗狗便会大力摩擦、挠伤该片皮肤，引发炎症。

皮肤发炎后，毛囊受到损害，开始脱毛。犬疥螨会向其他健康部位侵袭，病症蔓延至狗狗的全身。

治疗方法

1. 先用温水或生理盐水清洗狗狗的患处，去除污垢和皮屑。

2. 在患处涂上硫磺软膏、溴氰菊酯、巴胺磷、敌百虫溶液、肤舒软膏等，涂抹面积不宜过大，以免引起有机磷中毒。若狗狗有中毒现象，可使用阿托品、解热镇定等药物进行解毒。

3. 给狗狗注射伊维菌素或多拉菌素，杀螨效果较好，但不能杀灭虫卵，所以需每隔 5 ~ 7 天重复用药，直到痊愈。

4. 狗狗皮肤瘙痒严重、出现伤口时，可配合抗生素、糖皮质激素类药物、抗组胺类药物进行治疗。

5. 将双甲脒乳剂兑入温水，给狗狗药浴 10 分钟左右，每隔 1 ~ 2 天药浴 1 次，连续药浴 3 ~ 5 次，可见效。

6. 对狗窝进行杀虫消毒，预防重复感染。

预防方法

1. 患有疥螨病的母狗，在产后应立即与幼崽隔离，防止幼崽被感染。

2. 1 周龄的幼崽有感染的可能性，医生会建议注射伊维菌素等进行预防。

🐾 蠕形螨病

蠕形螨病是由犬蠕形螨寄生在狗狗的眼、耳、唇和内前腿的毛囊内，引发的一种皮肤寄生虫病，又称犬毛囊虫病、犬脂螨病。这是一种顽固的全身性皮肤病，严重时犬蠕形螨可寄生在狗狗的淋巴结和其他组织内。沙皮犬、北京犬和腊肠犬等，是蠕形螨病的高发犬种。

犬蠕形螨不会传染给人，主要在狗狗之间传播。只要狗狗接触了病犬用过的物品，就会感染。新生的狗狗会感染犬蠕形螨，主要是因为胎盘传染和接触患病母犬所致。出生 16 小时的狗狗，毛囊内就可能寄生了犬蠕形螨。因此，新生狗狗需要远离患病母犬。

类型

一般，狗狗身上有少量的犬蠕形螨是正常的，但随着犬蠕形螨过度繁殖，就会出现两种形式的蠕形螨病。

1. 局部蠕形螨病：常见于 1 岁以下的狗狗，最明显的症状是狗狗眼睑、唇周、前腿的毛发变稀疏。局部蠕形螨病，治疗效果较好，不易反复发作，甚至大部分狗狗都能自行恢复。

2. 全身性蠕形螨病：成年狗狗的全身性蠕形螨病大多属于急性疾病，是因为潜在的疾病或免疫抑制治疗的副作用而感染的，如甲状腺功能退化、库兴氏病或癌症等。

这类蠕形螨病的预后效果可能不好，往往受到潜在疾病的继发性影响，在痊愈后仍会反复发作，甚至具有一定的遗传性。

临床症状

狗狗患有蠕形螨病时，皮肤炎症的主要变化如下。

1. 初期，可见局部脱毛，皮肤发红、变厚、多褶皱，覆有银白色皮屑。少部分狗狗会出现黑头、丘疹等。

2. 后期时，狗狗身上发炎的毛囊可挤出蜡质皮脂，皮肤变成淡蓝色或红铜色，散发臭味，继而发展为毛囊炎、脓皮病。

治疗方法

1. 清洗、护理炎症皮肤：剪掉患处周围的毛发，用硫磺皂等清洁，再用硫合剂、敌百虫、鱼藤酮、稀释的双甲脒局部涂抹，进行抗菌治疗。

如果狗狗皮肤上出现了脓疱，可用碘酊涂洗、消毒。

2. 口服伊维菌素：除了柯利牧羊犬等犬类，这种口服药对大部分狗狗都适用，与食物一起口服效果更佳。若狗狗是首次服用伊维菌素，主人可逐渐增加药量，观察 1 周内的用药效果，一旦有任何副作用就需要停止用药，如厌食、呕吐、昏迷等。

🐾 跳蚤感染

跳蚤是人和动物身上常见的一种寄生虫，非常善于跳跃，繁殖能力极强，通过吸血的方式进行产卵。

临床症状

当狗狗身上寄生了跳蚤，会出现以下症状。

1. 狗狗身上的皮肤出现红斑、红点，如腹部、臀部和四肢等。

2. 狗狗的毛发上有许多皮屑或小黑点，这种小黑点是跳蚤留下的排泄物，溶于水后变红。

3. 狗狗不停地抓挠、打滚，会使身体异常脱毛。

4. 可能会引发其他更严重的疾病，如发炎、贫血等。

病因

1. 长期不给狗狗驱虫。

2. 狗狗的清洁卫生不到位，洗澡、梳毛、晒太阳的次数少，且生活环境中多细菌。

3. 接触过有跳蚤的狗狗或这些狗狗使用过的物品。

治疗方法

1. 灭蚤药皂：给狗狗使用灭蚤药皂泡澡，让泡沫在狗狗身上停留 15 分钟左右，可以有效杀灭跳蚤。

2.深度清洁：跳蚤卵是白色的，一般会出现在周围环境中，而不是狗狗身上。因此，主人需要将狗狗的用具清洗干净，在太阳下暴晒，再喷上驱虫剂，彻底消灭跳蚤。

3.治疗期间，应限制狗狗的活动范围，以防更广泛的传播。

以上方法无效时，建议寻求医生的帮助。

另外，带狗狗出门时，可以给它佩戴一个驱蚤项圈，起到预防作用。

🐾 蜱虫病

蜱虫，又名壁虱，红褐色昆虫，椭圆状，口器状如蝎子摆尾，也有米粒大的。蜱虫通常寄生在狗狗的头、耳、爪上，吸血为食。它会刺激狗狗的皮肤，引发炎症。

蜱虫也会叮咬人，因此，当狗狗身上有蜱虫时一定要及时灭杀，以减少健康隐患。

临床症状

1.狗狗被少数蜱虫叮咬，可能没有明显的症状。如果蜱虫过多，被咬次数太多，狗狗就会局部发痒、疼痛，经常摩擦、舔舐自己的皮肤，造成皮肤损伤。

2.蜱虫的寄生位置多有红斑、肿胀、发炎和流血的症状。

3.运动能力失调：蜱虫病严重时，毒素会危及神经，导致狗狗四肢无力，运动能力下降。严重时，会造成狗狗四肢麻痹、缺铁性贫血、口鼻出血、心跳缓慢等不同的后果。

治疗方法

1. 拔出蜱虫：用酒精喷在蜱虫周围，几分钟后，用镊子夹住蜱虫头部，缓慢而有技巧地将其拔出。

不建议主人自行处理，因为蜱虫的口器很容易断在狗狗的皮肤内，就会造成二次感染，因此建议去医院处理。

2. 外用驱虫药：在狗狗的后脖颈上涂抹外用驱虫药，蜱虫的口器就会逐渐松动，脱落后死亡，狗狗也不会有明显的痛感。去除蜱虫后，在狗狗皮肤受损的地方涂抹消炎药，并保持这块皮肤干燥清洁。

3. 夹除蜱虫后，如果被咬处有发红、发炎等症状，可涂林可霉素和利多卡因凝胶，有止痛、止痒、消炎的作用。

预防方法

1. 定期做体外驱虫，预防蜱虫。

2. 外出遛狗时，尽量避免去草木旺盛、昆虫较多的树林、草丛。

🐾 虱病

狗狗感染虱病，通常是由犬长鄂虱、犬啮毛虱这两种虱寄生所致。

如果狗狗没有定期做体表驱虫，很容易在外出时感染虱子，四处传播。若家里没有做环境消杀，被狗狗携带回来的虱子就会藏匿在毛毯、沙发等阴暗、潮湿的地方，感染其他狗狗。

临床症状

狗狗染上虱病后，主要有以下特征。

1. 毛发上可见虱子和附着在毛发上的虫卵，伴有脱毛、皮屑。

2. 皮肤瘙痒，出现小血点、小结节，有时会化脓发炎。

3. 虱子多时，狗狗无法正常休息与进食，逐渐消瘦。

治疗方法

1. 梳理毛发：主人戴上一次性橡胶手套，用篦子贴紧狗狗的皮肤，将毛发上的虱子及虫卵清理下来。

2. 药浴：用狗狗专用的除虱药皂、撒扑藤粉或敌百虫水溶液，给狗狗进行药浴，每周 1～2 次。

3. 喷药：使用喷虱药杀死狗狗身上的虱卵，如含有 α - 柠檬烯、除虫菊酯类或烯虫酯成分的喷药，对狗狗的毒性较小，除虱效力强。喷药时，要避开狗狗的五官。

4. 环境消杀：狗窝、玩具，甚至有虱子出现过的被褥、沙发及房间的角落，都需要用除虱喷剂喷洒，2 小时后再开窗通风。

第四章
狗狗常见的传染病

🐾 耳螨

耳螨，又称耳疥虫，是狗狗耳道里的一种寄生虫，形态极小，似小螃蟹，肉眼几乎不可见，以皮肤碎屑和组织液为食，会啃咬狗狗耳道的皮肤，形成各种炎症，是狗狗耳朵最易发生的疾病之一。

耳螨大约可以存活 2 个月，成年的耳螨只需 4 天就能产卵，虫卵孵出幼虫需要 21 天。一般寄生在狗狗的耳道内，少数寄生在头部、颈部和尾部。

临床症状

1.瘙痒是狗狗有耳螨时最明显的过敏性反应。如果狗狗总是甩头，用爪子搔抓耳朵，且次数越来越频繁。

2.感染耳螨后，狗狗耳朵会产生大量褐色、黑色的耳垢，伴有浓重的臭味。

3.狗狗过度地搔挠耳朵，很有可能会破坏耳朵的皮肤和血管，引发霉菌性感染和耳血肿，甚至伤及耳朵鼓膜和内部神经，造成听力受损及绕圈、癫痫等神经症状。

耳螨和耳垢的区别

狗狗的耳朵里有耳垢，却不一定有耳螨，这两者是不能随意混为一谈的。耳螨与耳垢的主要区别如表4-1所示。

	耳垢	耳螨
形态	黄色、淡黄色分泌物，通常没有难闻的气味	红褐色、黑色分泌物，散发异味、臭味
对狗狗的影响	不会引起瘙痒	异常瘙痒，狗狗会忍不住抓挠耳朵
处理方式	日常清洁，1周1~2次即可	耳药治疗和体外驱虫，治疗时间较长

表4-1

治疗方法

日常清洁、定期给药是根治耳螨的常规疗法。

1. 日常清洁。耳螨会刺激狗狗的耳朵持续分泌耳垢，即使每天给它清理耳朵，仍会有许多黑色的耳垢产生。给药前，主人需要帮狗狗清洗耳道，这样能使药物的功效最好。

建议选择配方温和的洗耳药剂，不会刺激狗狗的耳道，还能快速溶解污垢，如宠物专用的维克耳漂等。

2. 定期给药。宠物医生会根据狗狗耳螨的严重程度、是否有病菌感染等，开具处方药物和日常用药，通常含有除虫菊酯和噻苯达唑。主人要遵照医嘱给狗狗用药。

由于耳螨虫卵孵化需要21天，因此，常规治疗要持续1~2

个月，才能将耳螨的虫体彻底消灭，主人需要耐心一点儿。

狗狗感染耳螨，需要隔离

耳螨的传染性很强，因此，多宠家庭一旦发现狗狗有耳螨后，需要及时将狗狗单独隔离，再采取其他措施进行消毒、治疗。

1. 将狗狗单独关在一个笼子里，禁止外出，以免与其他宠物交叉感染。

2. 对狗狗的日常用具进行消毒，如食盆、狗窝、棉垫等。主人可以用稀释的消毒水清洗后，拿到太阳底下暴晒，以免有耳螨虫卵附着在上面，导致耳螨复发。

🐾 外耳炎

外耳炎是狗狗耳道上皮区域的急性或慢性炎症，可能会伴有耳郭疾病或中耳炎，但不具有传染性。

临床症状

患有外耳炎的狗狗，最初会表现不安，经常摇头晃脑、磨蹭或搔抓耳朵，引起耳郭皮肤破损、出血。严重时，会出现脓疮，伴有臭味。

转为慢性外耳炎后，狗狗耳郭的皮肤增厚、变形，耳垢及分泌物堵塞外耳道，引起听觉减退，甚至丧失。

外耳炎、中耳炎、内耳炎的区别

狗狗耳朵的结构分为外耳、中耳、内耳3个部分。外耳包括耳郭和外耳道，中耳包括鼓膜、鼓室和听小骨，内耳由耳蜗、前庭、半规管组成。

外耳炎、中耳炎、内耳炎都属于狗狗的耳部炎症，其主要区别如表4-2所示。

	外耳炎	中耳炎	内耳炎
发病部位	外耳道和耳郭	鼓膜、听小骨和鼓室	前庭、半规管、耳蜗
症状	外耳道及耳郭发热、红肿、瘙痒、分泌物稀薄	耳内有脓性分泌物、听力下降、疼痛、肿胀	耳内有脓性分泌物，听力受损严重
病因	详见本节"病因"介绍	普通感冒或咽喉感染等上呼吸道感染引起的并发症	严重的外耳炎和中耳炎可导致内耳炎；咽鼓管感染、血源性感染等也会引起内耳炎

表4-2

病因

犬外耳炎分3种类型，包括原发性外耳炎、易感性外耳炎、持久性外耳炎，每种类型的发病原因各有不同。

1. 原发性外耳炎

（1）寄生虫：狗狗的外耳炎有5%～10%是由螨虫引起的。

（2）过敏：当狗狗对某种食物过敏时，有80%的可能性会出现过敏性外耳炎，还有一部分是接触性过敏。

（3）异物：狗狗的外耳道内进入了皮屑、粉末状药物、脱落的毛发、植物芒刺等，也会诱发外耳炎。

（4）角化异常：甲状腺功能退化、卵巢功能异常、间质细胞肿瘤等，都容易引起"角化异常"这种皮脂溢性疾病，对耳道上皮产生刺激作用。

2. 易感性外耳炎

（1）耳道上皮损伤：狗狗耳朵经常清洁不到位、擦拭不干，就会损害耳朵角质层的屏障功能，外耳炎的发病率就会增加。

（2）耳道阻塞：突发的急性炎症容易导致狗狗的上皮肿胀，使耳道变窄；耳道内的肿瘤会阻塞耳道。这两种情况都会使外耳炎反复发作。

（3）全身性疾病：犬细小病毒病和犬瘟热等全身性疾病，会频繁刺激耳道，引发炎症。

3. 持久性外耳炎

细菌、真菌久治不愈，耳垢增多，就会形成渐进性病理学变化。清洁狗狗耳朵和用药的难度也随之增大，长期难以治愈。

治疗方法

清除耳道内的污垢、止痒、消炎杀菌，是治疗狗狗外耳炎的3个重要步骤。

1. 清洗耳道，耳膜破裂的狗狗禁用。首先，在狗狗的外耳道轻塞一个脱脂棉球，剪去耳周及耳道内的毛发，可用棉柔巾擦拭外耳道的耳垢、痂皮等分泌物，不建议使用棉签。

接着，用生理盐水或0.1%新洁尔灭溶液给狗狗冲洗耳道。冲洗时，狗狗的头需要向患炎症的耳朵一侧倾斜，使清洗液流出。

最后，用干净的棉球擦干狗狗的外耳道，取出塞在其中的棉球。

2. 局部用药治疗。狗狗的外耳干燥后，可用新霉素、地塞米松、利多卡因混合液滴耳，每日 3 ~ 4 次，每次 2 ~ 6 滴。或涂抹硼酸甘油液或鞣酸甘油液，每日 2 ~ 3 次。

针对化脓性的外耳炎，需要每天给狗狗冲洗 2 次左右，再涂抹抗生素软膏。

针对有寄生虫的外耳炎，可用杀螨剂进行辅助治疗，每隔 2 ~ 3 天使用 1 次。

3. 全身用药治疗。急性化脓性外耳炎，常伴随体温升高、鼓膜发炎，此时要用特定的敏感抗生素，进行全身用药治疗。另外，外耳炎引发中耳炎和内耳炎时，也需全身用药治疗。

4. 手术治疗。因耳郭变形、外耳道过长、耳道内长瘤状物而患有外耳炎的狗狗，建议去医院进行开放疗法、外耳引流术。

哪些狗狗容易患外耳炎

外耳炎多发生于长毛垂耳品种的狗狗身上，因为这类狗狗的耳道相对狭小，且被毛很长，蓄积在外耳道的水不易排出，耳内温度高、湿度大，为细菌、寄生虫等的繁殖提供了有利条件。比如，拉布拉多猎犬、美国可卡猎犬、英国激飞猎犬等。

🐾 犬瘟热

犬瘟热是由犬瘟热病毒引起的一种高度接触性的犬科动物传染病。传染性很强，治愈率较低，死亡率较高。一年四季都可能发病，但大多发生在寒冷季节。

这种病症主要在狗狗之间传染，不会传染给人。

临床症状

1. 早期症状：初期体温可以高达 39.5 ~ 41℃，持续 2 ~ 3 天后会退热。狗狗会精神不振，食欲减退，脚垫增厚干裂，干咳，呕吐、便秘或腹泻，眼结膜发红、眼睑肿胀、鼻头发干，眼睛和鼻子都有分泌物。

2. 中期症状：狗狗的体温第二次升高，持续时间不定。狗狗的精神状态不佳、食欲缺乏、咳嗽，易发生肺炎和气管炎。眼睛和鼻子会有脓性分泌物，鼻子会有裂痕。有些狗狗的皮肤会出现脓肿和硬结。

3. 晚期症状：狗狗一直高热、嗜睡、厌食、湿咳。眼睛无法睁开，严重时会导致角膜溃疡、穿孔甚至失明。鼻子严重干裂，鼻孔堵塞、呼吸困难。狗狗的皮肤变薄，严重溃烂、流血。

4. 中后期症状：因为病毒损伤脑部而出现神经系统并发症，也有些狗狗会在发热初期出现。症状可见痉挛、癫痫和抽搐、站立和走路姿势不稳、转圈、肌肉不协调、昏迷。狗狗出现这些症状后会在 1 ~ 2 周内死亡。

传播途径

1. 患有犬瘟热或携带有犬瘟热病毒的狗狗是主要传染源，其他患病或携带病毒的动物也会传播该病毒。

2. 健康的狗狗接触患病狗狗的分泌物、排泄物或血液后很容易被传染病毒。

3. 病毒还可以由母犬通过胎盘传染给幼犬，出生的幼犬会在 4 ~ 6 周出现神经系统症状。

检测方法

1. 主人想确认狗狗是否感染犬瘟热病毒，可以使用犬瘟热 CDV 试纸进行检测。检测结果要在 5 ～ 10 分钟内读取，超过 10 分钟无效。

2. 试纸的检测结果也有可能不准确，所以除了试纸检测，最好将狗狗送往医院，由医生根据临床症状和医学检查结果进行判断。

治疗方法

1. 肌内或皮下注射犬瘟热单克隆抗体或二联血清，还有犬瘟热干扰素，可以防止继发感染，杀灭病菌，抑制病毒。

2. 使用宠物专用的抗菌消炎药物，比如抗革兰氏阳性菌或革兰氏阴性菌药物，或广谱药物。

3. 使用免疫球蛋白提高狗狗的免疫力。

4. 医生还会根据狗狗表现出的具体症状，提供针对性的治疗措施。

5. 犬瘟热病毒对 60℃ 以上的高温干燥的环境、紫外线和有机溶剂敏感，可以使用乙醚、甲醛、甲酚皂溶液（来苏水）、3% 的氢氧化钠杀灭环境中的病毒。

护理事项

1. 狗狗能够自主进食或需要强制进食的时候，可以喂食清煮不加调料的牛肉，饮用羊奶粉或口服补液盐，或者在医生指导下服用营养品。

2. 如果狗狗除了犬瘟热，还感染了犬细小病毒，只能输液补充营养，不能喂食、喂水。

预防方法

1. 预防犬瘟热最有效的措施是给狗狗注射疫苗，并定期补种。但感染期不能接种，否则会加重狗狗的病情。

2. 饲养多只狗狗的家庭，如果发现有患病的狗狗，要及时隔离喂养。

3. 经常对家中的环境和狗狗的用品进行消毒，减少狗狗感染病毒的可能。

哪些狗狗容易患犬瘟热

1. 2 月龄到 3 岁的狗狗感染病毒的概率很高，10 岁以上的老年狗狗感染率也很高，这是因为两者的免疫力相对较低。

2. 狗狗密集的生活场所，比如犬舍和宠物店，如果卫生条件比较差，很容易导致狗狗感染病毒。

3. 散养的狗狗，或者能够接触到野生动物的狗狗也很容易患病。

🐾 犬流感

犬流行性感冒，简称犬流感，是一种具有传染性极强的呼吸道疾病。犬流感主要有 A 型流感病毒（H3N8）和甲型流感病毒（H3N2）2 种病毒株，能在环境中存活超过 48 小时。虽然犬流感的死亡率不高，但发病率很高。

犬流感只在狗狗之间交叉感染，目前不存在狗传染给人的病例。

临床症状

狗狗感染了犬流感后，可能会出现以下两种类型的症状。

1.轻微型：狗狗咳嗽次数增多，多是轻度湿咳，个别的会有干咳，持续 10 ~ 30 天。此外，狗狗还会有普通感冒的症状，如发热、流涕、嗜睡、厌食、打喷嚏等。

2.严重型：狗狗可能会发热超过 40°，流出脓性鼻液，鼻头干燥，眼睛充血。运动时，咳嗽加剧。如果犬流感病毒感染了肺部的毛细血管，可能会引发肺炎，出现呼吸困难，甚至咯血。

传播途径

犬流感病毒主要是通过呼吸道进行传播，如通过唾液、咳痰、打喷嚏等。病犬直接接触的物品，如玩具、地毯等。以及间接接触的封闭环境，如宠物店、宠物游乐场等，都可能存在犬流感病毒。

从狗狗接触犬流感病毒，到出现临床症状前，大量病毒会从感染的细胞内释放，2 ~ 5 天后彻底爆发。在没有出现临床症状的潜伏期内，犬流感病毒的传染性是最强的。

治疗方法

大多数感染轻微犬流感的狗狗，经过药物治疗就能痊愈。但犬流感一般都是病毒性的，为了保险起见，建议主人带狗狗去医院进行相关的血液测试，以确定治疗方案。

1.患病早期使用抗病毒药物和兽用抗生素：给狗狗服用阿莫西林、达菲、利巴韦林胶囊等药物。通常，这些药物在狗狗患病早期疗效最好。用法、用量可以根据犬流感的严重程度进行调整。

2.退热：可以给狗狗喂服泛捷复胶囊，或是打退热针。

3.静脉输液：静脉输液是治疗犬流感最常见的方法之一。医生会给狗狗静脉滴注广谱抗病毒药阿昔洛韦，也可静脉滴注犬血球蛋白。

4.治疗期间，狗狗应该始终隔离，并做好环境消毒。

预防方法

1.定期打疫苗。

2.虽然狗狗接种了犬流感病毒疫苗，但并不能百分之百预防。最好的预防方式是少带狗狗去宠物多的地方。多宠家庭要留意狗狗的伙伴是否有感冒症状，如果有，就要及时隔离。

🐾 犬副流行性感冒

犬副流行性感冒是狗狗的主要呼吸道疾病，是由犬副流行性感冒病毒引起的急性传染病。狗狗会突然发作急性呼吸道炎症，还会因为继发细菌感染，引起急性脑膜炎和脑积水。

犬副流行性感冒的传播速度非常快，会在短时间内让多数狗狗发病。

临床症状

狗狗会出现突然的体温升高，咳嗽，呼吸急促，心跳加快，流鼻涕，鼻子的分泌物从浆液性、黏液性转为脓液性。严重时狗狗会流泪、结膜发红、呼吸性心律不齐、虚弱无力、精神不振、厌食等。

患病期间，狗狗会因为抵抗力降低而出现支气管败血波氏杆菌或支原体混合感染，体温持续升高，出现持续数周的剧烈咳嗽。有的狗狗会有后肢麻痹、不能行走和膝关节反射迟钝等运动失调的症状，甚至死亡。

传播途径

1.患病的狗狗是主要的传染源。患病狗狗体内的病毒会通过呼吸道分泌物，经空气传染给健康的狗狗。

2.健康的狗狗与患病的狗狗直接接触后，也容易被传染犬副流感病毒。

治疗方法

1.单纯的犬副流行性感冒可以在治疗1周左右后康复。给患病的狗狗注射高免血清控制病情的发展，另外还可以静脉滴注犬血球蛋白提高狗狗自身的免疫力。

2.可以静脉滴注或口服广谱抗病毒药来消灭病毒。

3.治疗狗狗的发热症状，可以口服退热药物。

4.治疗狗狗的严重咳嗽，可以使用化痰止咳的药物来减轻症状。

5.狗狗出现继发的细菌感染时，可以使用抗生素和磺胺类药物控制感染。

哪些狗狗容易患犬副流行性感冒

1.幼犬最易感染，而且感染后病情比较严重。

2.免疫力低下的狗狗也容易感染犬副流行性感冒。

🐾 犬细小

犬细小是由犬细小病毒感染引起的烈性疾病，可以在狗狗间相互传染，具有高度接触性传染性，是狗狗的第二大传染病。一年四季都可能患病，但多见于冬季和春季等。如果治疗及时，还是有治愈的可能。

临床症状

狗狗患上犬细小的临床症状一般分为两种：肠炎型犬细小和心肌炎型犬细小。

肠炎型犬细小

肠炎型犬细小病毒潜伏期为 1 ~ 2 周。狗狗在病毒潜伏期没有异常状况，之后的症状比较明显。如果不能及时治疗，狗狗会在 1 周内死亡。

狗狗发病初期，体温会升高到 40℃ 以上，食欲降低、精神不振、呕吐、腹泻。呕吐物一开始是未消化的食物，之后会变为黄绿色的黏液。初期粪便呈稀软的糊状，随后发展为黄绿色的果冻状，最后会变为水样血便，并伴有刺鼻的腥臭味。狗狗此时会有眼球下陷、身体无力、消瘦、黏膜苍白、贫血等症状，直至休克、死亡。

心肌炎型犬细小

心肌炎型犬细小大多发生在 40 天左右大的幼犬身上。感染的狗狗，从发病到死亡的时间非常短暂。因为症状很不明显，发现时大多已经错过最佳治疗时间。

狗狗发作时会表现为突然的呼吸困难和气喘、黏膜和皮肤发紫等心力衰竭的症状，短时间内就会死亡。还有的狗狗会在轻度腹泻后死亡。即使幼犬经受住了病毒对心脏的攻击，仍然会因为心肌损伤在感染病毒后的数周或数月内死亡。

传播途径

健康的狗狗接触了患病狗狗的粪便、尿液、唾液和呕吐物等，就会被感染。

检测方法

1. 主人可以使用犬细小病毒检测试纸，通过粪便检查狗狗是否感染病毒，然后将它送往医院做进一步的诊断和治疗。

2. 感染病毒的狗狗在病毒潜伏期内无法检测出病毒，之后主人可以在 1 ~ 2 周后给狗狗复查，避免错过狗狗的最佳治疗时间。

治疗方法

犬细小病毒的治疗周期通常为 1 周，其中第 4 天和第 5 天的治疗最为关键，如果狗狗体内的白细胞能够在此时回升，治愈的希望就比较大。

1. 肌内或皮下注射犬细小病毒单克隆抗体、抗病毒血清、干扰素等药物，能够对抗病毒，控制狗狗的病情。

2. 使用抗生素类药物能够防止继发细菌感染，抑制有害细菌在狗狗体内繁殖，如宠物专用的阿莫西林、头孢类药物、氨苄西林等。

3. 使用免疫球蛋白提高狗狗的免疫力。

4. 狗狗出现呕吐、腹泻的症状，很容易导致脱水，可采用葡萄糖、维生素、电解质等给狗狗进行输液治疗。如果不能输液，也可以给狗狗口服药物来止泻、止吐，纠正狗狗体内的电解质紊乱，维持狗狗的体能。

5. 狗狗有发热的情况时，要使用退热药物来降温，同时要注意给狗狗保暖。

6. 做好环境消杀。犬细小病毒可以使用宠物专用消毒液（比如杜邦卫可）、氧化剂、甲醛、次氯酸钠（84消毒液）等消毒剂进行消杀，还可以配合使用紫外线灯照射以获得最佳的消毒效果。

护理事项

1. 狗狗在患病期间，一定要禁食、禁水，否则狗狗会因为无法消化食物而加重肠胃的负担，导致腹泻更加严重。

2. 狗狗的身体恢复后，可以喂食罐头、肉糜、营养膏等易消化、有营养的食物，促进身体恢复。

预防方法

目前没有治疗犬细小的特效药，所以一定要积极预防。

1. 接种疫苗是预防犬细小病毒感染的重要方法，特别是刚刚购买或领养的狗狗，一定要做好疫苗的首次接种和每年的补种。

2. 没有接种疫苗的狗狗，尤其是幼犬，需要尽量减少外出，以及与其他动物的接触，避免受到病毒和细菌的感染。

3. 家中已经有感染过犬细小病毒的狗狗，至少要间隔半年的时间，确保病毒已经在环境中消失，才能再饲养新的狗狗。

4. 饲养多只狗狗的家庭，如果发现有患病的狗狗，要及时将其与健康的狗狗隔离饲养，并且及时处理患病狗狗的排泄物，并进行环境消杀。

5. 定期给狗狗做好驱虫，注意保暖。

6. 经常对家中的环境和狗狗的所有用品进行消毒，减少狗狗感染病毒的可能。

哪些狗狗容易感染犬细小病毒

1.幼犬感染犬细小病毒的情况比较多见，6月龄以下的狗狗最容易感染犬细小病毒。没有接种过疫苗的幼犬患犬细小后的死亡率很高，仅次于犬瘟热。

2.成年犬如果没有接种过完整的疫苗，体内没有产生足够的抗体，也有可能会受到犬细小病毒的侵害，只是相对于幼犬来说症状不太明显，死亡率相对较低。

🐾 冠状病毒性肠炎

冠状病毒性肠炎也是一种高度接触性的急性传染病，传染速度很快。它发病后的严重程度和致死率没有其他疾病高，但是经常和犬细小病毒、轮状病毒及其他细菌混合感染，提高了狗狗的死亡率。冠状病毒性肠炎一年四季都可能发生，以冬季和春季最为多发。

临床症状

冠状病毒性肠炎的症状和肠炎型犬细小很像，可以通过看下表4-3二者的区别了解症状。

症状	冠状病毒性肠炎	肠炎型犬细小
潜伏期	1~8天	1~2周
肠胃症状	腹泻、呕吐	同前

发热	不发热，或轻微发热	发热
确诊方法	犬冠状病毒快速检测试纸 /PCR 检测试剂盒	犬细小病毒快速检测试纸 / PCR 检测试剂盒

表 4-3

传播途径

患病的狗狗是冠状病毒的主要传染源，主要是通过消化道和呼吸道进行传染。健康的狗狗接触了患病狗狗的粪便及污染物就会感染病毒。

犬冠状病毒能够在粪便中存活 6 ~ 9 天，污染物在水中仍然可以保持数天的传染性。

治疗方法

冠状病毒性肠炎的治疗期一般为 7 ~ 10 天，经过积极的治疗，病症的治愈率很高。

1. 注射犬冠状病毒单克隆抗体、干扰素、抗病毒血清，能够减少狗狗体内的病毒数量，起到杀灭病毒的作用。

2. 狗狗感染病毒后容易继发细菌感染，需要使用抗生素药物进行控制。

3. 针对狗狗的呕吐、腹泻、出血症状，可以进行输液等针对性治疗。

4. 可以通过输营养液来补充狗狗失去的体液，维持身体机能。

5. 做好环境消杀。犬冠状病毒对热和乙醚、氯仿、脱氧胆酸盐敏感，容易被甲醛和紫外线灭活。可以在室内使用甲醛熏蒸或紫外线灯照射消毒，狗狗的所有用品还可以通过暴晒进行消毒。

护理事项

1.狗狗患冠状病毒性肠炎后，需要禁食、禁水，防止肠胃里的食物和水分成为病毒的生存环境，加重腹泻症状。

2.狗狗的病情得到控制后，不要给它喂食大量食物，也不要让它吃腐败的食物，以免病情复发。可以喂食保护胃肠道、调节胃肠功能的处方罐头，还可以给狗狗吃提高免疫力的药物。

预防方法

1.幼犬可以通过母乳获得母源抗体来获得免疫保护，这是预防病毒感染的重要方法。

2.冠状病毒疫苗并不属于狗狗必须接种的疫苗，而且疫苗对冠状病毒并不能完全预防，所以接种疫苗后仍然需要注意预防狗狗被病毒传染。

哪些狗狗容易患冠状病毒性肠炎

1.冠状病毒性肠炎通常较多发生在幼犬身上，主要感染3月龄以下、没有打过疫苗的幼犬。幼犬通常会在发病后 24 ~ 36 天死亡。

2.成年犬也可能会感染这种病毒，但发病率和致死率要低于幼犬。

🐾 传染性支气管炎

传染性支气管炎不是某一种具体的疾病，而是狗狗呼吸道疾病的总称，是由不同的病原体引起的综合征。传染性支气管炎具有高度的传染性，是一种慢性接触性传染病，最常与犬副流行性感冒病毒一同感染。秋冬季节是该病的高发期。

传染性支气管炎的病原体有多种病毒和细菌，狗狗会出现单一或混合感染。主要病毒包括：Ⅱ型犬腺病毒、犬副流行性感冒病毒、犬瘟热病毒、疱疹病毒等。主要细菌包括：支气管败血波氏杆菌、巴氏杆菌和支原体等。

临床症状

1. 传染性支气管炎的潜伏期为5～10天，病情一般会持续10～20天。主要症状是突然性的咳嗽、咳痰，有眼屎、鼻涕等分泌物。如果没有并发症，狗狗可以自行康复。

2. 如果有并发细菌感染，狗狗的咳嗽会更加严重，还会发热、厌食、精神不振、呼吸困难，有黏液性和脓性的眼鼻分泌物。严重时会并发支气管炎或肺炎，危及狗狗的生命。

3. 狗狗的病情还会随着剧烈的运动和兴奋的情绪而加重。

传播途径

1. 患病的狗狗通过呼吸道污染了环境中的空气，健康的狗狗吸入这些被病原体污染的空气后会患上传染性支气管炎。

2. 寒冷、潮湿的天气，或者运输等应激反应容易降低狗狗自身的抵抗力，增加狗狗感染疾病的可能。

治疗方法

1. 治疗细菌感染引起的症状，可以使用广谱抗生素等药物。

2. 消炎可以使用皮质类、固醇类药物，联合抗生素使用，可以减轻狗狗的症状。

3. 祛痰止咳的药物可以通过口服或雾化的方式给药。

护理事项

1. 让狗狗多喝水，水分可以帮助狗狗增加肺部的湿润度，有利于分泌物排出体外。

2. 注意防寒保暖，避免狗狗的身体受到寒冷的刺激而加重病情。

3. 狗狗需要去医院时，尽量减少和其他狗狗的接触，避免交叉感染，特别是没有接种疫苗的幼犬。

哪些狗狗更容易患传染性支气管炎

1. 4 月龄以下的幼犬最容易感染。

2. 犬舍、宠物店、宠物医院、动物收容中心等狗狗密集的场所，最常见这种传染病。一旦有狗狗发病，病情就会在群体中迅速爆发。

疱疹病毒感染

疱疹病毒感染是一种病毒性的传染病，虽然不发热，但属于致死率极高的急性病。这种病在狗狗之间具有较强的传染性，但不会传染给人。疱疹病毒感染可引起许多疾病，抵抗力差的幼犬会在出现症状后的 24 ~ 48 小时内死亡，母犬感染后可能不育、流产、死胎，公犬感染后易患上龟头炎和包皮炎。患病的狗狗康复后，也可能存在一些永久性的神经受损症状，如运动失调、失明等。

临床症状

一般来说，疱疹病毒感染的潜伏期为 4 ~ 6 天。发病后的症状如下。

1. 初期，狗狗会体软无力、呼吸困难，粪便不成形，体温降低。

2. 有些狗狗会颤抖，不停地嚎叫。

3. 狗狗的鼻黏膜可能有广泛性的斑点状出血，四肢内侧的皮肤上长出红色丘疹。

4. 后期时，狗狗可能会出现角弓反张、癫痫、知觉丧失等症状。

5. 不同年龄的狗狗感染了犬疱疹病毒，也会出现不同的症状。

（1）1 日龄以下的狗狗，容易出现吃奶无力、腹痛、痴呆、窒息等症状。

（2）1 ~ 30 日龄的狗狗，主要有打喷嚏、流鼻涕、咳嗽等上呼吸道感染的症状。

（3）大于 30 日龄的狗狗，症状持续 14 天左右，症状较轻，但继发混合感染时，可引发肺炎。

传播途径

疱疹病毒来源于自然环境，一旦狗狗被感染，就会成为新的传染源。基因遗传、飞沫、鼻液、阴道分泌物等，都是疱疹病毒的传播途径。

治疗方法

目前，没有疫苗可以预防疱疹病毒感染，但可以选择药物或对症治疗。

1. 给狗狗注射血清，预防死亡。

2. 有上呼吸道感染的狗狗，需要接受抗生素和补液治疗。

3. 对环境进行消毒，杀灭犬瘟热、冠状病毒和疱疹病毒等，为狗狗提供一个安全、无刺激性的环境。

🐾 传染性肝炎

传染性肝炎是由Ⅰ型犬腺病毒引起的高度接触性、败血性、急性传染病，经常和犬瘟热、犬细小、犬副流行性感冒、钩端螺旋体病等混合感染。一年四季都可能发生，多见于冬春季。

临床症状

传染性肝炎的潜伏期为 7 天左右。

狗狗在急性发病初期体温会升高至 40℃以上，降温后再度升温。怕冷、食欲下降、饮水量增多、呕吐、腹泻，头颈腹部皮下水肿、便血、齿龈出血。

如果是非急性发病期，狗狗除了有上述症状，还会出现角膜水肿、由中心向四周变浑浊、角膜变蓝等症状，也叫作"蓝眼病"，属于传染性肝炎的特征性症状。狗狗会流泪、怕光，眼部有大量浆液性分泌物，严重时会角膜穿孔。此外，还会有咽炎、扁桃体炎、淋巴结肿大、贫血等症状，可能会出现黄疸。

很多幼犬会在数小时内因为呕吐、腹痛、腹泻等急性症状而死亡。成年犬则很少发病，即使发病也大多能自行康复。

传播途径

传染性肝炎可以在狗狗间互相传染，其传播途径如下。

1. 患有传染性肝炎的狗狗和携带病毒的狗狗是主要的传染源。健康的狗狗接触了患病狗狗的尿液、粪便、分泌物等，很容易感染病毒。

2. 患病母犬可以通过胎盘将病毒传染给幼犬，并导致幼犬死亡。

3. 体外寄生虫也可以将病毒传染给狗狗。

治疗方法

1. 患病早期，可以给狗狗注射传染性肝炎高免血清或免疫球蛋白，以有效地抑制病毒的繁殖和扩散。如果搭配使用干扰素等免疫增强剂可以获得更好的疗效。

2. 可以给狗狗注射或口服抗病毒药物。

3. 为了防止细菌继发感染，可以服用或注射广谱抗生素类药物。

4. 使用葡萄糖、维生素等给狗狗做输液治疗，口服保肝药物，可以纠正狗狗体内的电解质紊乱，保护肝脏，提高抵抗力。

5. 治疗狗狗的角膜和结膜感染，可以用眼底封闭和结膜下封闭治疗，同时使用眼药水滴眼。

6. 做好环境消杀。Ⅰ型犬腺病毒的抵抗力较强，低温条件下可以长期存活，可以附着在狗狗接触过的物品上长达 6 ~ 9 个月。而且对乙醚、氯仿、酒精等具有较强的耐受性。需要高温消毒，或者用 10% ~ 20% 漂白粉液、2% ~ 4% 火碱水、次氯酸钠或 0.3% 过氧乙酸进行消杀。

预防方法

1. 可以定期接种传染性肝炎灭活疫苗或弱毒疫苗，可以单独接种，也可以接种联合疫苗。

2. 给幼犬选择可以提高免疫力的幼犬粮。优质幼犬粮中的动物蛋白成分占比较多，而且其中含有的免疫球蛋白等初乳类物质可以帮助幼犬形成良好的免疫系统，抵抗病毒的入侵。

3. 饲养多只狗狗的家庭，如果发现有患病的狗狗，要及时将其与健康的狗狗隔离，而且患病狗狗康复后要继续隔离 9 个月。

4. 曾经饲养过患病狗狗的家庭，要间隔 1 年的时间才能再饲养新的狗狗。

哪些狗狗容易感染传染性肝炎

传染性肝炎多见于刚出生和 1 岁以内的幼犬，且发病率和死亡率都比较高。

🐾 钩端螺旋体病

钩端螺旋体是一种细菌，简称钩体。有很多种类，可以分为致病性和非致病性两大类。狗狗感染的钩端螺旋体种类很多，其中以犬钩端螺旋体和黄疸出血性钩端螺旋体两种菌型为主。钩端螺旋体病是一种人畜共患的传染病，鼠类和猪是最主要的传染源。

临床症状

钩端螺旋体病的潜伏期为 5 ~ 15 天。感染钩端螺旋体后，狗狗会出现不同的症状。

1. 急性出血型：狗狗感染钩端螺旋体后会出现此种症状，这种类型发病很急，狗狗的死亡率非常高。患病的狗狗会出现发热、颤抖、呕吐、拒食、脱水、呼吸急促、吐血及出血等现象。

2.黄疸型：感染黄疸出血型钩端螺旋体会导致狗狗出现黄疸，狗狗的肝脏会出现问题，有的狗狗会有腹水、体重下降等肝衰竭的症状。病情严重的狗狗会出现尿毒症、昏迷等症状，最后会导致死亡。

3.肾炎型：这种患病类型的狗狗会出现呕吐、厌食、咳嗽、呼吸困难、尿量减少，甚至无尿。狗狗会因为脱水而饮水量增加，眼角会有黏性分泌物。

黄疸型和肾炎型发病要比急性出血型稍慢，还有些狗狗会由以上症状转化为慢性病症。通常会出现慢性肝脏、肾脏和胃肠道症状，经过治疗可以恢复健康。少数狗狗会继发肝硬化、急性肾衰竭，最终导致死亡。

传播途径

1.狗狗接触过老鼠、患病狗狗或其他动物的尿液，或者是被尿液污染的水等，是狗狗感染钩端螺旋体的主要途径。

2.健康的狗狗和患病狗狗互相舔舐面部、鼻子和嘴巴等也会引起钩端螺旋体感染。

3.狗狗吃过被老鼠污染过的食物也容易感染钩端螺旋体。

4.狗狗被吸血类的寄生虫或昆虫叮咬后也会感染病菌，比如蜱虫和蚊子等。

治疗方法

1.治疗钩端螺旋体病最有效的药物之一是抗生素，最常使用的是宠物用的青霉素类药物，但在使用前要做过敏测试。

2.狗狗出现尿毒症反应时，可以使用葡萄糖做输液治疗，肌内注射呋塞米等，达到补充液体、利尿的目的。

3. 狗狗出现呕吐症状时，可以使用止吐类药物。

4. 狗狗的出血症状，可以通过输血来进行治疗。

预防方法

环境保持通风、干燥，定期对居家环境和狗狗用品消毒，清洁剂、漂白水、来苏水等消毒液可以有效杀灭钩端螺旋体，另外日晒和加热也可以起到消毒作用。

🐾 狂犬病

狂犬病，也叫恐水症，是一种由狂犬病毒引起的急性病毒性传染病。病毒会侵害中枢神经系统，导致患病的动物和人死亡，属于人畜共患病。对狂犬病，目前还没有有效的治疗方法。无论是狗还是人，感染狂犬病毒后的死亡率几乎是 100%。

如果怀疑狗狗感染狂犬病，最好由专业的医生进行诊断。狗狗一旦患有狂犬病，必须尽早与人和其他动物隔离。主人要尽快与疾病控制中心联系，由专业部门进行处理。

临床症状

狗狗患上狂犬病后最典型的症状之一是怕水、怕光，会流很多口水，进食变得困难，双目无神，叫声嘶哑，行动时身体失去平衡，出现嗅觉和视觉障碍。不愿意和人接触，也不再和主人互动，脾气会变得暴躁易怒，非常兴奋，会无故地攻击人，甚至是自己的主人。最后会因为呼吸麻痹和器官衰竭而死亡。

狗狗感染狂犬病后的潜伏期很短，大部分狗狗发病后会在7天内死亡，最晚不超过10天。

传播途径

1.蝙蝠、狐狸、狼、臭鼬、浣熊等野生动物是狂犬病毒的原始宿主，狗狗如果被它们抓伤，就容易感染狂犬病毒。

2.健康的狗狗被患狂犬病的狗狗或猫咬伤或抓伤，会有感染风险。

人感染狂犬病的途径

1.被患病的动物咬伤或抓伤：狂犬病毒存在于患病动物的唾液中。人被患有狂犬病的动物攻击，皮肤被咬伤或抓伤，是人感染狂犬病毒的主要途径。

2.通过伤口或黏膜感染：人身上的伤口或黏膜被患病动物舔过，比如皮肤擦伤、眼睛等，可能会被感染。

3.宰杀过程中被感染：动物的唾液、内脏器官、肌肉内均存在少量病毒，宰杀过程中如果处理者身体部位有破损，就存在感染风险，但这种情况很少见。

狂犬病的发展周期

1.潜伏期：狗狗感染狂犬病毒后的潜伏期通常在数天到数月，但一般不会超过10天。潜伏期内狗狗不会排出狂犬病毒，此时不具传染性。

2.传染期：狂犬病发作的狗狗，会向体外传播狂犬病毒。这是因为，狂犬病实质上是狂犬病毒引发的脑脊髓炎症，病犬唾液中的病毒是发生脑脊髓炎症后，从脑内的颅神经进入唾液腺，并主动分泌进入口腔内的。

人被狗咬伤后的处理方法

1. 应该立即使用 20% 的肥皂水或弱碱性清洁剂和大量的流动清水对伤口进行彻底冲洗，时间要保持 15 分钟以上，要将唾液和污血洗净。

2. 可以涂抹碘酒或医用酒精，给伤口消毒。

3. 伤口一般不进行缝合包扎，要及时将患者送往医院，由医生根据伤口情况进行专业处理。如果伤口较深，可能需要使用预防破伤风的药物。

4. 如果不能确定咬人的狗狗是否患有狂犬病，最好在被咬伤后尽早接种人用狂犬病疫苗，最佳时间是受伤后的 24 小时之内。

5. 如果患者的伤势严重，除了需要注射狂犬病疫苗，还需要注射抗狂犬病血清、狂犬病免疫球蛋白来中和体内的病毒。

10 日观察法

一般来说，狗狗在狂犬病发作后的 3 ~ 5 天会死亡，这段时间就是狂犬病毒的传染期。所以，人被狗咬伤后，世界卫生组织指出的"10 日观察法"比较适用。

观察伤人后的狗狗 10 天，如果狗狗在 10 天后安然无恙，说明它没有患狂犬病，也不会传播病毒，伤者后续的狂犬病疫苗可以不必接种。如果狗狗在观察期间发病死亡，说明它患有狂犬病，伤者除了必要的治疗，还要接种全部的疫苗。

第五章

狗狗也会患癌症，早发现早治疗

🐾 肥大细胞瘤

肥大细胞存在于血液中，是来源于骨髓的一种较大的粒细胞，经过血液循环可以迁移到全身的结缔组织中，广泛存在于皮肤和内脏黏膜下，具有调节炎症和免疫反应的功能。

肥大细胞瘤是狗狗常见的皮肤肿瘤之一，它的外观和位置并没有统一的判定指标，临床症状差异巨大，不可预测。常高发于狗狗的皮肤真皮组织和皮下组织，大多数发病位置在躯干和四肢，少数发生在头颈部，常见于后肢上部、会阴及包皮区域。除了皮肤，肥大细胞瘤也可生长于消化道、肝脏、脾脏或其他任何位置。

肥大细胞瘤非常容易扩散，严重时会转移到狗狗的全身器官，危及狗狗的生命。有临床报告显示，位于脚趾、会阴部、阴囊、包皮、口咽和鼻内的肿瘤恶性程度比较高，而且容易转移。

临床症状

肥大细胞瘤的外观并没有统一的标准，类似于斑点、丘疹、结节、结痂等皮肤损伤及病变，比较常见的肥大细胞瘤是位于表皮上的红色圆形肿块，表面没有毛发。

肥大细胞瘤可能存在于皮肤上或皮肤下，或平滑或凸起，可以单个存在，也可能有多个共存。如果狗狗身上有多个肿瘤，还会出现呕吐、食欲缺乏、腹痛、呼吸困难、黑便、吐血、便血等症状，局部组织会有红肿和溃疡。

病因

肥大细胞瘤的具体致病原因目前还不明确，可能的原因有病毒感染、遗传、环境或皮肤的慢性炎症等。

诊断方法

有一部分肥大细胞瘤和皮下脂肪瘤难以区分，只能通过细胞学或病理组织学检查才能确诊。狗狗确诊患有肥大细胞瘤后，还需要经过 X 射线、超声或 CT 检查、血液生化、粪便潜血试验评估进行进一步的病情诊断。

治疗方法

1. 手术治疗：如果肥大细胞瘤位于可以切除的部位，最佳的治疗方法是手术切除，而且需要将肿瘤边缘与底部 2 ~ 3 厘米的组织大范围切除。如果肿瘤完全切除且没有转移，就可以持续观察，无须进一步治疗。

2. 放射疗法：如果肥大细胞瘤位于不能大范围切除的部位，可以根据活检和分级检查结果，采用放射疗法。局部复发的肿瘤也可以使用放射疗法。

3. 化学疗法：如果肥大细胞瘤难以切除，或者肿瘤影响狗狗的生理功能和美观，可以通过化学疗法治疗。在病变部位注射化学药物可以缓解病情，缩小肿瘤体积。

狗狗的肥大细胞瘤发生转移或扩散后很难治愈，会引起并发症，只能通过化学疗法予以缓解。

4.手术联合化学疗法的治疗效果要好于单一疗法，而且可以延长狗狗的存活时间。

哪些狗狗容易患肥大细胞瘤

1.肥大细胞瘤容易发生在中老年狗狗身上，平均发病年龄为8.5岁。

2.某些品种的狗狗容易发生肥大细胞瘤，包括斗牛犬、英国斗牛犬、拉布拉多犬、拳师犬、波士顿梗犬、金毛犬、腊肠犬、比格犬、巴哥犬、沙皮犬等。

🐾 乳腺肿瘤

狗狗的乳腺肿瘤是比较常见的一种疾病，分为良性肿瘤和恶性肿瘤。良性肿瘤一旦转变为恶性肿瘤，就会危害狗狗的生命安全。

临床症状

乳腺肿瘤通常会侵害母犬的第4和第5对乳腺。狗狗的乳腺组织上会出现大小不一、或软或硬的肿块，也许是粉刺般的颗粒，也许是结节状的凸起物。

乳腺肿瘤为良性时，肿瘤比较小，质地坚硬，没有痛感，狗狗的乳头有时候会流出血样分泌物或脓汁。

肿瘤为恶性时，肿瘤部位会发热，生长迅速。狗狗经常舔舐的话会引起肿瘤破裂，皮肤出现坏死、溃疡或出血。狗狗会出现食欲下降、精神不振、身体消瘦、腹泻、呕吐、呼吸困难等症状。

严重时，肿瘤会向腋下或腹股沟的淋巴结、肺脏、肝脏及其他腹腔、胸腔内的器官转移。

病因

1. 目前医学界认为，狗狗的乳腺肿瘤与激素或饮食引起的内分泌紊乱有关。比如使用孕酮抑制发情时，狗狗很大概率会出现乳腺增生和肿瘤。

2. 狗狗停止泌乳会引起组织钙化，有可能发展为乳腺肿瘤。

治疗方法

1. 良性乳腺肿瘤只会影响美观，如果没有向恶性肿瘤演变的趋势，可以不治疗，如果想要治疗，可以进行手术切除。

2. 治疗狗狗的恶性乳腺肿瘤的主要方法是手术疗法。医生会根据肿瘤的位置、数量、生长情况和狗狗的身体状况选择不同的手术方式，具体分为乳房肿瘤切除术、局部乳房切除术和全乳房切除术。如果怀疑狗狗的淋巴结受到影响，应同时切除淋巴结。

3. 如果肿瘤术后复发或发生转移，可以配合使用化学疗法延长生存期。化疗药物可以选择多柔比星、阿霉素、环磷酰胺等。

4. 出现继发感染时，可以采用抗生素治疗，还可以使用糖皮质激素改善狗狗的精神状态和食欲，消除炎症反应。

5. 使用他莫昔芬、克罗米芬等选择性雌激素受体调节剂可以减缓狗狗乳腺肿瘤的生长速度。

6. 如果乳腺肿瘤转移至肺部，狗狗出现呼吸道症状，需要针对症状进行治疗。

预后的存活时间

狗狗乳腺肿瘤预后的情况主要和肿瘤类型、大小、是否存在转移、周围淋巴结受影响程度有关。

1. 良性肿瘤一般可以通过手术切除达到治愈的效果，基本上不会造成死亡，定期复查即可。恶性程度较低、没有发生转移的乳腺肿瘤，手术疗效较好。

2. 狗狗的良性乳腺肿瘤，在经过手术或药物治疗后，一般预后良好，但是仍然存在复发和恶性转移的风险。

3. 恶性乳腺肿瘤手术切除后，狗狗的生存期为 6.5 ~ 24.6 个月。

预防方法

1. 早做绝育手术可以降低狗狗患乳腺肿瘤的概率。最佳绝育时间是在狗狗第一次发情期前，可以大大降低狗狗的患病风险。其次是狗狗第一次发情期后和第二次发情期前。如果在狗狗第二次发情期后或 2.5 岁以后做绝育，乳腺肿瘤的患病概率会逐渐增加，和未绝育的患病概率相等。

2. 狗粮要选用不含激素的产品，避免狗狗摄入激素，增加患病风险。

3. 不要让狗狗受到惊吓，情绪不稳定会影响狗狗体内的激素水平。

哪些狗狗容易患乳腺肿瘤

1. 某些品种的狗狗更容易患乳腺肿瘤或乳腺癌，包括马耳他犬、约克夏犬、迷你贵宾犬、英国史宾格猎犬、可卡犬、德国牧羊犬等。

2. 狗狗发生乳腺肿瘤的年龄大多在 10 岁以上，小于 5 岁的狗狗不多见。

3. 母犬患乳腺肿瘤的概率要高于公犬，特别是没有实施过绝育手术的母犬。

🐾 黑色素瘤

黑色素瘤是一种发展迅速、很容易转移的肿瘤，恶性程度也很高。

许多宠物身上会长出良性色素瘤，称为黑色素细胞瘤。这些良性黑色素细胞瘤如果转变为恶性肿瘤，会影响狗狗的生存期和生存质量。所以一旦确诊就要及时治疗，可以延长狗狗的生命。

狗狗身上的黑色素瘤大多发生在口腔，其次是脚趾和皮肤，后期可能会转移到狗狗的淋巴结、肝脏、肺脏和肾脏。

临床症状

1. 口腔黑色素瘤：常见症状是口腔肿胀，有肿起来的团块，这些肿块不一定是黑色的，也可能是粉红色或白色的。肿块会出现在狗狗的牙龈、面颊内侧、上颚或舌头上。狗狗会出现口臭、流口水、牙龈和口腔出血、牙齿脱落，因为疼痛而进食困难、食欲下降、体重减轻等情况。

2. 脚趾黑色素瘤：明显的症状就是狗狗的脚趾肿胀。肿块通常是黑色的，有些狗狗的脚趾甲会脱落，走路会跛脚。

3. 皮肤黑色素瘤：产生病变的皮肤表面通常不太规则，会有不规则的凸起、色素沉着和脱毛现象，严重时还会有溃烂的情况。

病因

1. 一些外在原因可能会导致良性黑色素瘤转变为恶性黑色素瘤，比如狗狗反复摩擦或抓挠身体上的黑色素瘤，或者狗狗的皮肤被一些药物腐蚀引起的损伤。

2. 某些品种的狗狗身上容易发生黑色素瘤，包括苏格兰梗犬、可卡犬、德国牧羊犬、贵宾犬、腊肠犬、金毛犬、万能梗犬、波士顿梗、杜宾犬等。

治疗方法

狗狗患黑色素瘤后，如果不给予治疗，存活时间大概在 2 个月，如果进行正确治疗，可以延长 6 ~ 12 个月的寿命，而且生活质量会更好。

1. 目前，最常用的治疗方法之一是手术治疗，切除黑色素瘤及肿瘤周围的组织。如果狗狗的病变部位在脚趾，需要做截趾手术。如果是口腔黑色素瘤，需要将狗狗的上颚骨或下颚骨切除。

2. 除了手术治疗，还可以采用放射疗法和化学疗法。

哪些狗狗容易患黑色素瘤

1. 中年或老年狗狗。

2. 深色皮肤的狗狗患病概率要高于浅色皮肤的狗狗。

🐾 脂肪瘤

脂肪瘤是由皮肤下方的脂肪积聚形成的肿块，摸起来很柔软，可以移动，通常长在狗狗的皮肤表层，是狗狗常见的一种肿瘤。

良性脂肪瘤不会发生转移，但随着时间的推移，可能会有增大的趋势。良性脂肪瘤除了影响美观，对狗狗的身体并没有影响。恶性脂肪瘤会在短时间内扩散到身体各个地方，会导致狗狗的身体代谢出现紊乱，对狗狗的身体危害比较大。

临床症状

狗狗的脂肪瘤可以长在身体的任何部位，大小不一，小的像米粒那样，大的会像黄豆、葡萄一样，甚至有鸡蛋大小，或者表皮出现溃烂。

病因

1. 新陈代谢问题：年纪大的狗狗，因为皮肤衰老和消化系统衰弱，无法消耗体内的脂肪，容易产生脂肪瘤。体形肥胖的狗狗，体内的脂肪含量比较高，多余的脂肪无法消耗，出现脂肪瘤的概率相对较高。

2. 饮食问题：以肉类为主食，或者吃肉比较多的狗狗，过多的胆固醇会在皮下或内脏积聚，形成脂肪瘤。

治疗方法

1. 如果确定脂肪瘤是良性的，而且体积较小，生长部位不影响狗狗的活动，可以暂时不进行治疗，多注意观察肿瘤的发展情况即可。

2. 如果良性的脂肪瘤逐渐长大，可以给狗狗服用抗肿瘤药物，抑制肿瘤的生长。

3.手术切除，但要依据脂肪瘤的性质来决定。如果脂肪瘤属于恶性，或者良性肿瘤对器官或组织产生严重的压迫，最好是手术切除。一般的良性肿瘤，可以不切除。而且手术切除时还需要考虑狗狗的麻醉风险。

4.如果脂肪瘤自行破裂或受到外力而破裂，要及时处理并给伤口消毒，避免二次感染。

护理事项

1.狗狗患有脂肪瘤应该避免摄入高胆固醇的食物，比如动物的内脏、鱼子等。给狗狗喂食低脂肪、高纤维的狗粮。

2.让狗狗做适当的运动，控制体重，比如每天出门散步。

哪些狗狗容易患脂肪瘤

拉布拉多犬、杜宾犬、雪纳瑞和魏玛犬等品种的狗狗比较容易出现脂肪瘤。

🐾 皮脂腺腺瘤

狗狗的皮脂腺腺瘤是发生在皮肤组织上，来源于皮脂细胞的肿瘤。这种肿瘤经常发生在狗狗躯干的背部和侧面、腿部、头部和颈部。大多数属于良性肿瘤，但也有可能会转为恶性的皮脂腺癌。

类型

根据肿瘤细胞的来源和恶性程度，可以将狗狗的皮脂腺腺瘤划分为 4 种类型，也可以看作是同一种疾病的不同阶段。皮脂腺增生、皮脂腺腺瘤和皮脂腺上皮瘤都属于良性肿瘤，皮脂腺癌则属于恶性肿瘤。

1. 皮脂腺增生：皮脂腺增生主要发生在狗狗的头部、眼睑和躯干。外观呈丘疹状，表面粗糙，切面呈黄色、分叶状。

2. 皮脂腺腺瘤：主要发生在狗狗的胸部和腹部。腺瘤的瘤体可以任意移动，质地坚实，界限分明，表面没有毛发，有时会有溃疡。

3. 皮脂腺上皮瘤：病变部位会有皮肤溃疡和表皮丘疹，有明显的色素沉着，外观类似于黑色素瘤。

4. 皮脂腺癌：在晚期会发生扩散和转移。皮脂腺癌表面的边界不清晰，会产生溃疡，病变部位的直径通常不超过 2 厘米。

病因

狗狗患皮脂腺腺瘤的病因目前还不明确，可能与遗传和环境等多种因素有关。

治疗方法

狗狗的皮脂腺腺瘤可能会与乳头状瘤类似，所以医生需要对肿瘤进行细胞学和皮肤组织病理学的活检，才能够判断病情，再进行治疗。

1. 良性的皮脂腺腺瘤可以不治疗。如果发生继发性细菌感染时，需要前往医院进行治疗。

2. 如果是恶性的，或者良性的皮脂腺腺瘤造成狗狗感觉不适，可以选择手术切除，方式有冷冻疗法和激光烧灼。而且还需要将肿瘤周围少量的健康组织一并切除。除了手术，还需要配合放射治疗来防止复发。有些恶性肿瘤会在手术后转移到肺部和局部淋巴结。

3.狗狗手术后除了口服抗肿瘤药物，还需要使用外用药物防止伤口感染。

护理事项

1.给狗狗口服B族维生素和维生素E，或复合维生素，可以促进皮肤的恢复和生长。

2.在伤口愈合前，要阻止狗狗舔舐患处，避免伤口感染，可以给狗狗佩戴伊丽莎白项圈，直到创口完全恢复。

哪些狗狗容易患皮脂腺腺瘤

1.皮脂腺腺瘤常见于老年犬。

2.皮脂腺增生、皮脂腺腺瘤和皮脂腺上皮瘤的高发品种是可卡犬、贵妇犬、比格犬、迷你雪纳瑞和梗类犬等。

3.皮脂腺癌的高发品种是可卡犬。

🐾 乳头状瘤

乳头状瘤是狗狗感染乳头状瘤病毒引起的肿瘤，主要表现为皮肤和黏膜的鳞状上皮增生。狗狗的乳头状瘤通常是良性肿瘤，不会导致死亡，但有时候也会发展为恶性肿瘤。乳头状瘤具有传染性，但不会传染给人。

类型

狗狗的乳头状瘤主要分为口腔乳头状瘤和皮肤乳头状瘤。

1. 口腔乳头状瘤：常发生在狗狗的嘴唇、口腔黏膜、齿龈、舌头、颊、腭和咽部黏膜。

2. 皮肤乳头状瘤：主要发生在狗狗的皮肤、眼睑、面颊、四肢（多见于脚垫、脚趾之间）等部位。

临床症状

1. 口腔乳头状瘤：瘤体初期是灰白色光滑结节，直径为数毫米到数厘米，后期会发展为菜花样，表面粗糙，有蒂或无蒂。狗狗口腔中有多个肿瘤或瘤体面积过大时，会有口臭、流口水、吞咽困难、厌食等症状。当瘤体破裂出血时，还可以看到狗狗的嘴里流出淡红色的血样唾液。

狗狗的口腔乳头状瘤在消退前会持续生长 1 ~ 5 个月，肿瘤消退时颜色变为暗灰色，瘤体会皱缩。

2. 皮肤乳头状瘤：皮肤表面会出现一个或多个粉红色或灰色、隆起的增生物，表面同样呈菜花状。如果肿瘤生长在狗狗的生殖器官周围，大多属于恶性肿瘤。

治疗方法

1. 良性的乳头状瘤通常会在确诊后的几周至几个月自行消退，无须治疗。主人需要关注肿瘤的大小变化，并避免狗狗随意触碰肿瘤，防止感染。一旦发生感染，需要前往医院治疗。

2. 如果良性乳头状瘤影响到狗狗咀嚼，或者肿瘤过大，长时间没有消退，建议将肿瘤切除。但要在肿瘤成熟期或消退期进行手术，避免在肿瘤的生长期刺激肿瘤更快生长。

3. 切除肿瘤后，要避免狗狗舔舐伤口造成感染。

4. 除了手术治疗，还可以配合使用抗病毒药物和抗菌药物来提高狗狗的免疫力。

5. 使用激光或液氮冷冻法也可以处理乳头状瘤。

6. 如果肿瘤增大、出血、出现溃疡，需要由医生诊断肿瘤是否转为恶性，并根据具体情况决定是否进行手术或化学治疗。

预防方法

1. 喂食优质狗粮，提高狗狗自身的免疫力。

2. 乳头状瘤可以在狗狗之间互相传染，所以主人在发现狗狗患有乳头状瘤时，要避免患病狗狗和其他健康狗狗接触，以免造成传播。

哪些狗狗容易患乳头状瘤

1. 口腔乳头状瘤通常多见于 1 ~ 2 岁的幼犬，因为此时的幼犬免疫系统还没有发育完善。

2. 皮肤乳头状瘤大多发生于老年犬，因为它们的免疫力较差。

3. 长期服用类固醇类药物的狗狗也容易感染乳头状瘤病毒，因为药物会降低它们的免疫力。

🐾 淋巴瘤

淋巴细胞是体积最小的一种白细胞，是由淋巴器官产生的重要免疫系统成分，可以对抗外界感染和监控体内细胞变异。淋巴瘤是发生在含有淋巴组织的器官的恶性肿瘤，是一种进行性癌症，初期症状往往很容易被忽略，如果不能得到及时治疗，死亡率很高。

淋巴细胞存在于狗狗身体的任意部位，所以淋巴瘤可以出现在身体的任意器官中，常见于淋巴结、胸腺、肝脏、脾脏、骨髓等。

临床症状

狗狗的淋巴瘤共有30多种类型，有些进展迅速，有些进展缓慢。最常见的是4种类型：多中心淋巴瘤、消化道淋巴瘤、纵隔淋巴管瘤、结外淋巴瘤。

1. 多中心淋巴瘤：多中心淋巴瘤是狗狗最常见的淋巴瘤类型之一，它的首要症状就是狗狗体表各处的淋巴结肿大，淋巴结会增大到正常大小的3倍到10倍。用手触摸，是可移动的坚硬肿块，狗狗并不会感觉疼痛。随着病情的发展，狗狗会出现身体虚弱、嗜睡、食欲减退、发热、呕吐、腹泻、脱水、贫血等症状。

2. 消化道淋巴瘤：这种淋巴瘤主要影响狗狗的胃肠道，引起消化系统的病变。狗狗会有腹痛、腹泻、呕吐、厌食和体重减轻等症状。

3. 纵隔淋巴管瘤：狗狗患有纵隔淋巴管瘤，胸腺和纵隔的淋巴结会有肿大的现象，面部或前腿也会出现肿胀的现象。胸腔内的肿块或胸腔积液会让狗狗呼吸困难。狗狗会增加饮水量和排尿量。

4. 结外淋巴瘤：结外淋巴瘤通常为皮肤淋巴瘤，也会影响到肺脏、肾脏、中枢神经系统、骨骼、眼睛等器官。症状根据受影响的器官有不同的表现。

皮肤淋巴瘤通常表现为皮肤上的溃疡、斑块或红斑、结节或剥脱性皮炎。发病早期，狗狗会脱毛和瘙痒。随后狗狗的皮肤会变厚，出现红斑、溃烂和液体渗出。口腔中也可能出现红斑或斑块，牙龈和嘴唇上会有结节。

肺部的结外淋巴瘤会导致狗狗呼吸困难。肾脏的结外淋巴瘤会引起肾功能衰竭。中枢神经系统的结外淋巴瘤会引发癫痫。骨骼的结外淋巴瘤会引起疼痛或骨折。眼部的结外淋巴瘤会引起失明。

病因

1. 狗狗经常暴露在有杀虫剂、除草剂、油漆、烟雾、电磁辐射等环境中，可能会增加患淋巴瘤的风险。

2. 狗狗感染病毒或细菌有可能导致淋巴瘤的产生。

3. 遗传因素会增加狗狗的患病概率。

4. 狗狗的免疫系统遭到破坏，免疫功能低下时，发生淋巴瘤的概率也很大。

治疗方法

1. 狗狗的淋巴瘤属于全身性疾病，手术和放射疗法通常并不是有效的方法，最常见的治疗方式之一是化学疗法，大多采取CHOP化疗方案进行治疗。

2. 大多数接受化学治疗的狗狗不会出现严重的副作用，可以在家中进行管理。如果狗狗出现疲劳、厌食、呕吐、腹泻等症状，需要进一步住院治疗。

3. 进行化学疗法的同时，也可能会搭配其他药物共同进行治疗，比如类固醇类药物。

哪些狗狗容易患淋巴瘤

1. 中老年狗狗的发病概率更大，平均发病年龄为 6 ~ 9 岁。

2.患病率高的品种有金毛犬、拉布拉多犬、拳师犬、喜乐蒂牧羊犬、德国牧羊犬、圣伯纳犬、苏格兰梗犬、西施犬、巴哥犬、法国斗牛犬等，相对来说患病率较低的是腊肠犬和博美犬。

🐾 骨肉瘤

骨肉瘤是指成骨细胞的异常恶性生长，在骨骼中形成的恶性肿瘤，是骨肿瘤中的一种，也叫作骨癌，在骨肿瘤中所占的比例很高。骨肉瘤很容易发生转移，尤其是肺部，其他转移位置包括肾脏、肝脏、脾脏及其他骨骼，会对狗狗造成致命的影响。

大部分的骨肉瘤发生在狗狗四肢的长骨上，前肢比后肢多发，多在桡骨、肱骨、胫骨、股骨等地方。头盖骨、颌骨、面骨、肋骨和脊椎骨等部位也会受到影响，但是相对来说比较少。

临床症状

狗狗患骨肉瘤最常见的症状之一就是跛足或跛行，会有很严重的疼痛感，表现为食欲缺乏、体重下降、呼吸困难，腿部、肋骨、脊椎、下颚会发生肿胀，肿瘤部位附近会发生骨折。

鼻窦部位的肿瘤会导致狗狗出现鼻腔分泌物和流鼻血。颌骨、口腔等发生的肿瘤会导致狗狗吞咽困难、眼球突出。如果肿瘤发生在脊椎，会引起神经麻痹，导致瘫痪。

病因

1.狗狗的骨骼负重受力是肿瘤发生的重要因素。

2. 患有骨折、其他骨骼疾病、慢性炎症等疾病的狗狗患骨肉瘤的风险很大。

3. 接触病毒、有毒的化学物质（比如氧化物、硅酸盐等），或经常受到辐射，也可能使狗狗的骨骼发生肿瘤。

治疗方法

狗狗四肢的骨肉瘤的转移率通常高于软骨肉瘤和纤维肉瘤，一般在发现时已经出现了轻度转移。

1. 手术切除：治疗狗狗的骨肉瘤最有效的方法之一是手术切除，对肿瘤发生的骨骼及周围部位进行大范围的切除。如果是发生在四肢的骨肿瘤，需要进行截肢手术。

手术切除肿瘤后可以配合使用化疗药物，减少肿瘤的转移和复发，但是单独使用化疗药物并不能祛除肿瘤。

2. 放射疗法：如果给狗狗进行的不是截肢手术，或者没有进行大范围的肿瘤切除，可以在术前或术后使用放射疗法，可以减轻疼痛，控制局部肿瘤的生长，但会对狗狗的身体产生副作用。

3. 皮质类固醇、非甾体抗炎药和镇痛药也可以减轻狗狗的疼痛，提高舒适感。

哪些狗狗容易患骨肉瘤

1. 骨肉瘤常见于狗狗的中老年阶段，特别是体重40千克以上的狗狗。

2. 大型犬发生的骨肿瘤中大多数属于骨肉瘤，例如金毛犬、拉布拉多犬、杜宾犬、德国牧羊犬、大丹犬、拳师犬、英国赛特犬等。

3.公犬的发病率要高于母犬。

🐾 鳞状细胞癌

狗狗的鳞状细胞癌是一种鳞状上皮的恶性肿瘤，属于比较少见的皮肤肿瘤。

狗狗的鳞状细胞癌常见于口腔，包括舌头、扁桃体和牙龈，还有脚趾的甲床上。其他病变部位常见于被毛稀疏、无色素沉着、被晒伤的皮肤表面，比如被日光晒伤的狗狗的躯干、四肢和腹部。狗狗的鼻子、嘴唇和阴囊也会出现鳞状细胞癌。

临床症状

狗狗鳞状细胞癌的症状会因为肿瘤的位置而不同，通常呈现为大小不一的溃疡或凸起的斑块、肿块等。

1.口腔鳞状细胞癌：病变部位大多出现在舌背部，或没有症状，或出现严重的进食困难、口腔出血、经常舔舌头、流口水、窒息、舌头变形等症状。

狗狗患扁桃体鳞状细胞癌时，肿瘤是坚硬的单侧肿块，和扁桃体隐窝相连，并且伴有皮下肿胀。狗狗会产生严重的疼痛和吞咽困难。这种肿瘤会快速地转移到后咽淋巴结。

狗狗患齿龈鳞状细胞癌时，会在接近牙齿的齿龈处出现溃疡或肿块，肿块可能是单发或多发性的。

2.甲床鳞状细胞癌：症状为脚趾肿胀、疼痛、畸形，趾甲会有脱落，发病部位可能是单个脚趾，也可能是多个脚趾。

3. 皮肤鳞状细胞癌：症状大多表现为类似于肉瘤的肿块，常伴有溃疡和出血。

病因

1. 狗狗长时间暴露在紫外线或日光下，会因为日光损伤患上光化（日光）角化病，可能继发鳞状细胞癌。

2. 狗狗患有慢性齿周疾病、烧伤、多发性毛囊囊肿、嗜酸细胞性溃疡、慢性感染或炎症（外耳炎、盘状红斑狼疮等疾病）也可能引发鳞状细胞癌。

3. 乳头状瘤病毒可能与鳞状细胞癌的发生有关。

治疗方法

1. 鳞状细胞癌虽然是恶性肿瘤，但是转移速度缓慢，所以在排除有转移的可能性后，要尽早进行手术切除。一般需要将病变部位的边缘一起切除，才能够保证将肿瘤完全移除。如果是甲床鳞状细胞癌，需要将患处的脚趾截肢。

2. 如果是鼻子、耳朵或眼睑等小型、浅表性的病变部位，可以进行冷冻疗法或激光烧灼治疗。

3. 只能部分切除或不能切除的病变部位，可以采用放射疗法治疗，还可以采用化学疗法、高温疗法或者光动力疗法。

哪些狗狗容易患鳞状细胞癌

1. 某些品种的大型犬患病风险较高，比如英国的斯普林格猎犬和设得兰牧羊犬。黑色的拉布拉多犬、德国牧羊犬、贵宾犬容易患甲床鳞状细胞癌。拉布拉多犬、雪纳瑞犬、苏格兰猎犬、大型贵宾犬和罗威纳犬更容易患皮肤鳞状细胞癌。

2. 浅色或白色皮毛的狗狗在受到日光照射后最容易出现背部、躯干和腹部的损伤，容易引起鳞状细胞癌。

3. 生活在高海拔地区或光照强烈地区的狗狗发病率比较高。

4. 年龄较大的狗狗发病率最高，发病的高峰年龄段在 6 ~ 10 岁，平均发病年龄在 9 岁。

5. 狗狗自身的免疫系统受损也容易导致鳞状细胞癌。

第六章
狗狗突发意外，
100% 有用的急救操作

🐾 食物中毒的紧急处理

狗狗出现食物中毒的情况非常普遍，贪吃的习惯会让狗狗误食一些有毒或者不能被自身代谢吸收的物质后，出现中毒反应。主人如果及时干预，就能让狗狗有很大的存活概率。

急救方法

如果主人发现狗狗误食了有毒物质，建议第一时间给它催吐，这样可以最大限度地减少有毒物质的伤害。

1. 催吐的时间在狗狗摄入有毒物质后的 20 分钟以内效果最好。

2. 可以使用大量稀释过的双氧水或稀释过的肥皂水给狗狗催吐。这类液体可以产生大量的气泡，让狗狗产生恶心的感觉，从而促使狗狗呕吐。但并不建议主人私自在家进行催吐，因为催吐对狗狗有比较大的刺激，可能会出现一些其他的并发症，建议主人及时将狗狗送往宠物医院，由专业的医护人员进行相关的操作。如果时间紧迫，可以拨打宠物医院的电话，或是在线咨询平台，在医生的指导下进行催吐。

3. 狗狗呕吐后，如果大小便和精神、食欲都正常，没有呕吐、腹泻、咳嗽、打喷嚏、流鼻涕等情况，代表狗狗已脱离危险，继续观察即可。

4. 如果主人发现不及时，狗狗已经出现中毒反应，不能进行吞咽，不建议进行催吐，应该及时将狗狗送到医院治疗。送医的同时要保证狗狗的呼吸顺畅，需要的话可以进行人工呼吸。狗狗的身体温度应该维持在 37.5 ~ 39℃。

🐾 吞食异物的紧急处理

狗狗有时候会趁主人不注意的时候吞食一些不应该吃的东西，比如首饰、玩具、线绳、石头、毛巾、衣物等。主人可以根据情况进行处理，以减少狗狗受到的伤害。

检查狗狗的身体情况

打开狗狗的嘴巴查看，如果能看到异物堵塞在喉咙里，可以尝试用手抠出来，或者用镊子或尖嘴钳把异物夹出来。要注意力度，不要太用力伤到狗狗，或者被狗狗咬到自己。还可以将狗狗的后腿抬起来，让头部朝下抖动。

急救方法

1. 如果狗狗出现呼吸困难，发出"咔咔"的声音，可以采用海姆立克急救法，方法如下。

（1）小型犬或幼犬：主人可以抱住狗狗，让它的后背贴在自己的胸前，用拳头快速向上挤压狗狗肋骨下方的凹陷处，让它将异物吐出。

（2）大型犬：主人可以让狗狗侧躺，跪在它的身后，握紧拳头后用手指关节按在肋骨下方的凹陷处，快速地向头部方向推动，让它将异物吐出。

2. 可以对狗狗进行催吐，使用3%浓度的双氧水，每4.5千克体重的狗狗喂食一汤匙，或者使用肥皂水代替。

3. 如果狗狗吞食的是毛巾、袜子等比较大的物品，或者尖锐物品，又或者不能确定狗狗吞食了什么，最好将狗狗送到医院。宠物医生可以通过X射线检查异物的形态、大小和所处位置，必要时可通过手术方式将异物取出。

🐾 中暑的紧急处理

狗狗的散热相对人要困难一些，特别是狗狗身上的毛发厚重，天气炎热时更容易中暑，如果不及时采取降温措施，有可能会导致狗狗死亡。

临床症状

狗狗会频繁地吐舌头，趴在地上不想动。严重时狗狗的体温会升高，达到40℃以上，精神萎靡，呕吐，呼吸困难，心跳加速，走路步态不稳，四肢像划水一样。严重时还会口吐白沫、抽搐、昏迷。

急救方法

1. 发现狗狗中暑后，及时将狗狗转移到阴凉通风的地方，比如有空调或风扇的室内，或者是树荫下、地下停车场等温度低的地方。

2. 用冷水淋湿狗狗的身体降温，不要使用冰水或直接将狗狗放进水里，水温过低会导致狗狗的心搏骤停。

3. 可以用酒精擦拭狗狗的脚掌肉垫，还可以用毛巾包裹冰袋、冰镇饮料等放置在狗狗的头部、颈部、腹部、四肢等处，也能达到帮助降温的效果。

4. 让狗狗大量喝水，补充水分。

5. 给狗狗降温后，及时送往医院救治。

哪些狗狗容易中暑

1. 鼻子较短的狗狗，比如巴哥犬、斗牛犬、京巴犬等。

2. 中大型犬。

3. 毛发浓密的长毛狗。

4. 全身毛发被剃光的狗狗。

5. 身体肥胖的狗狗。

6. 老年的狗狗。

7. 生病的狗狗，特别是有心脏和呼吸道方面问题的狗狗。

🐾 晕车的紧急处理

现在流行带宠物出游，特别是有狗狗的家庭，总想在节假日带它一起出门玩耍，只是有的狗狗会有晕车的表现。如果必须带着狗狗出门，就需要采取一定的方法来缓解狗狗的晕车。

临床症状

狗狗晕车时大多表现为焦虑不安，不停地哀鸣，或者精神萎靡、嗜睡，不停地流口水，严重时会呕吐、大小便失禁，甚至休克昏厥。

狗狗晕车的原因

因为身体状况不同，有些狗狗不会晕车，有些狗狗就会有晕车现象。狗狗的内耳是负责调节身体平衡的，晕车是因为内耳受到车辆反复运动的干扰。特别是幼犬，因为内耳发育不完全，耳水不平衡，更容易出现眩晕。

另外，狗狗也会因为处在陌生环境中，产生恐惧和紧张感而引起晕车。

最后，狗狗的听觉和嗅觉比人灵敏，车辆内嘈杂的噪声、密闭环境中的气味、车辆颠簸、车速不均匀等都会引起狗狗晕车。

缓解狗狗晕车的方法

1. 出门前给狗狗断食。在长途旅行前 12 小时给狗狗断食，让其保持空腹状态，减轻在车上恶心的症状，也能减少狗狗在车上排泄的需求。

2. 给狗狗准备熟悉的物品。在车里放置一些狗狗熟悉的东西，像它喜欢的玩具或平时用的毯子，这些东西能够让它放松心情。

3. 保持车内空气流通。可以适当开窗通风，条件允许的话，中途停车休息一下，让狗狗去外面呼吸一下新鲜空气。

4. 使用航空箱：航空箱能够让狗狗更有安全感，适合它在车上休息，能够避免在车辆转弯或刹车时出现撞击。不过私家车只能装下中小型犬的航空箱，大型犬可以使用犬用车载安全带。

5. 准备晕车药、呕吐袋等。如果狗狗的晕车症状严重，可以在出门前咨询宠物医生并购买专门针对狗狗晕车的药物。另外准备好呕吐袋，方便狗狗呕吐。

🐾 休克的紧急处理

狗狗休克有可能是因为疾病、中毒，或者是剧烈运动等造成的身体不适。狗狗晕倒后，如果不能立刻送医院抢救，主人要在黄金抢救时间内对狗狗展开急救。

检查狗狗的身体情况

1. 检查呼吸：把手放在狗狗的鼻子前面，感受是否有气流，也可以观察胸部是否有起伏。如果狗狗没有呼吸，要立刻打开它的嘴巴，查看口腔内是否有呕吐物、血或其他异物，并马上清除。清除堵塞的异物后，小心地拉出狗狗的舌头，确保它的呼吸顺畅。

2. 检查脉搏：握住狗狗的脚掌感受是否有搏动，或者摸狗狗后腿内侧根部的位置。如果只有脉搏，没有呼吸，需要给狗狗进行人工呼吸。如果既没有脉搏，也没有呼吸，需要给狗狗进行心肺复苏。

急救方法

人工呼吸

1. 用双手握住狗狗的嘴巴，让嘴巴完全闭合。

2. 对着狗狗的鼻孔吹气，大约 5 秒钟一次。检查狗狗的胸部是否会鼓起，如果没有，要加大吹气的力度，并确保嘴巴是完全合上的。

3. 每吹完一次气后，要把狗狗的嘴巴打开，让气息流通后再合上嘴巴，并观察它的反应。如果狗狗能够恢复自主呼吸就可以停止吹气了，如果狗狗还是没有反应就需要继续吹气。

心肺复苏

心肺复苏术是心脏按压和人工呼吸交替进行。

1. 寻找平坦坚硬的地方，让狗狗偏向左侧平躺。如果是椭圆形胸腔的狗，比如斗牛和巴哥等，应该用仰卧的姿势。

2. 让狗狗保持脖颈伸展的姿势，头部和脖子伸直呈一条直线，保证气流畅通。

3. 确定按压的位置。

大型犬：在靠近后背的位置，也就是狗狗胸腔最宽阔的位置上按压，不要直接在心脏上按压。为了帮助血液回流心脏，还可以进行腹部挤压。使用心脏按压的手势，向下推并挤压狗狗的腹部。可以在做完 15 次心脏按压后，做 1 次人工呼吸和 1 次腹部挤压。

小型犬：可以用手指环绕狗狗的胸部，在肋骨间隙的第 3 ~ 第 6 肋骨处，将四根手指放在胸部的一侧，大拇指放在胸部的另一侧。

狗狗是仰卧姿势时，可以直接按压胸骨。

4. 用一只手掌放在另一只手掌的上面，肘部笔直地向下迅速按压，按压的范围控制在胸部宽度的三分之一到二分之一。在 10

秒内重复动作 15 次。

5. 每按压心脏 30 次后可以做 2 次人工呼吸，直到狗狗恢复稳定的脉搏和自主呼吸为止。

注意事项

1. 整个急救过程不要超过 20 分钟。

2. 在狗狗清醒后及时将它送往医院。

🐾 出血的紧急处理

狗狗外出玩耍，有时会受伤出血，比如腿部被树枝或铁片划伤，脚垫被钉子、玻璃扎伤，和别的狗狗打架被咬伤，甚至是发生车祸等比较严重的情况。主人需要具备帮狗狗止血的救护能力。

轻度出血

1. 狗狗的脚垫、皮肤被划伤等轻度出血症状，可以用无菌布、干净的棉布或毛巾等，用力按压在出血位置，15 分钟后松开，如果不再流血，可以对伤口进行消毒包扎。

2. 止血后，如果伤口处有异物，可以用镊子取出。如果伤口附近的毛发过长，可以适当修剪。

3. 使用生理盐水将狗狗伤口处的污血冲洗干净，然后用碘伏对伤口进行消毒，在狗狗的伤口上撒上宠速合，大小以完全覆盖伤口为宜，以促进伤口愈合。

4. 用消毒棉或纱布块垫在伤口上，再用长纱布包扎好伤口。

5. 如果包扎好的伤口有渗血或渗出液，要更换纱布，并保持伤口的清洁干燥，直到伤口愈合。

重度出血

狗狗因车祸、严重外伤等引起四肢的大出血，或者伤口出血呈喷射状涌出，可以使用止血带，或者绳子类的物品，比如鞋带、数据线等，在出血肢体靠近躯干的一端勒紧。使用止血带的时间不要超过 3 小时，每隔 30 ~ 60 分钟放松止血带 2 ~ 3 分钟，同时按压伤口以减少出血。有止血效果后及时将狗狗送往医院。

🐾 烧伤、烫伤的紧急处理

狗狗的烧伤、烫伤主要来自火源或热源，常见的有火焰、开水、热油、热汤、取暖设备等，也有些狗狗接触化学用品（强酸、强碱等）后被灼伤。伤情严重时可能会导致狗狗的皮肤大面积坏死、脱落，甚至危及生命。

正确处理方法

1. 及时给狗狗皮肤降温，最好使用流动的冷水轻轻冲洗伤口，要保持 10 分钟以上。

2. 如果伤口面积比较大，可以将伤口浸泡在水中降温，或用拧干的湿毛巾给伤口做冷敷处理。

3. 将狗狗伤口周围的毛发去除后涂抹烧伤或烫伤药。如果伤口面积较大，可以使用纱布或绷带覆盖伤口。但是不要包扎得过紧，以免伤口发炎。不要让狗狗舔舐伤口，否则会增加伤口感染的机会。

4.如果没有药物或不能判断药物是否有效，或者化学烫伤不适合以上做法，主人要及时将狗狗送往医院治疗。

错误处理方法

1.用牙膏、酱油、花生油、黄油等涂抹伤口。牙膏并不能治疗狗狗的烧烫伤，而且覆盖在伤口上很容易造成伤口感染，还会和狗狗的毛发混合在一起，不方便医生进行后续治疗。

2.狗狗皮肤出现水疱或死皮后要刺破或撕掉。如果贸然刺破或撕掉出现的水疱或死皮，很有可能造成皮肤感染或扩大皮肤上的瘢痕。

🐾 癫痫的紧急处理

癫痫是狗狗常见的神经系统疾病之一，是由于大脑神经细胞的异常兴奋引起大脑功能紊乱，出现运动、感觉、意识和行为等神经性障碍。狗狗的癫痫发作具有突然性、暂时性和反复性的特点，不发作的时候没有任何异常表现。

狗狗癫痫的发作间隔

狗狗的癫痫发作间隔时间长短不一，有的一天会发作多次，有的会几天、几个月或更长时间发作一次。

单次的癫痫发作一般不会危及狗狗的生命，但是如果在24小时内发生2次以上，而且持续发病超过5分钟，需要及时前往医院，避免延误治疗导致狗狗出现后遗症。

如果狗狗在半年内发生2次癫痫，除了持续观察，建议使用药物预防和控制病情。最好将狗狗送往医院，做核磁或CT进一步确诊，方便后期的治疗和护理。

狗狗癫痫发作时的应对方法

1. 主人发现狗狗有癫痫发作的征兆时，要尽量将它安置在安静舒适的空间内，不要让狗狗照射强光，不要打扰。

2. 狗狗癫痫发作时，主人不要强行制止，以免它无意识地咬伤人。

3. 主人要及时将狗狗四周的物体移开，将它身上的项圈等东西解下来，在它的身体下面垫上毛毯等舒适的物品，避免狗狗撞伤身体。

4. 狗狗癫痫发作过后，及时清理其鼻子、嘴巴和大小便等，减少喂食，让狗狗多喝水。

5. 主人要记录下狗狗发病的频率、次数、时长、发病过程等细节，待狗狗恢复后尽快送往医院就诊。

哪些狗狗容易患癫痫

某些品种的狗狗容易患有原发性癫痫，其中包括腊肠犬、吉娃娃犬、斗牛犬、贵宾犬、拉布拉多犬、金毛犬等。

骨折的紧急处理

狗狗很容易发生骨折，特别是年幼和体型较小的狗狗。狗狗在打架、摔倒、跳跃、被撞、被重物碾压时都可能导致骨折。

急救方法

1. 狗狗骨折后尽量减少搬运，以防对骨折部位造成二次损伤。

2. 在原地对骨折部位进行包扎和固定，使用木板或木条固定住骨折部位，然后立即送往医院进行治疗。

3. 固定患处时可以在表面垫上毛巾等松软的物体，防止摩擦。固定时要松紧适度，不要太松，也不要太紧。

4. 如果伤口有出血，要在伤口部位的上端用绷带、布条、绳子等止血。

5. 如果狗狗的骨折情况严重，需要将它移动到大块的木板上，固定好后及时送往医院。

狗狗骨折后能否自愈，要视骨折的部位和严重程度而定。如果狗狗的四肢骨折后不能自愈，骨折处可能会变形弯曲，留下严重的后遗症，影响狗狗的正常活动。因此建议狗狗发生骨折后，及时送去医院诊断及治疗。